생활 주변에서 흔히 볼 수 있는
버섯 100가지

생활 주변에서 흔히 볼 수 있는
버섯 100가지

초판인쇄 | 2016년 6월 27일
초판발행 | 2016년 6월 30일

지 은 이 | 김양섭·석순자
펴 낸 이 | 고명진
펴 낸 곳 | 가람누리
출판등록 | 2011년 7월 29일 제312-2011-000040호
주　　소 | 경기도 고양시 덕양구 통일로 140(동산동)
　　　　　삼송테크노밸리 B동 329호
전　　화 | (02)396-9651
팩　　스 | (02)396-9653
이 메 일 | garamnuri@daum.net
홈페이지 | www.munyei.com

ISBN　978-89-97272-24-2 (13400)

ⓒ 김양섭·석순자, 2016

※ 이 책의 내용을 저작권자의 허락 없이 복제, 복사, 인용,
　무단전재하는 행위는 법으로 금지되어 있습니다.
※ 잘못된 책은 바꾸어 드립니다.
※ 저자와의 협의에 의하여 인지는 생략합니다.
※ 이 도서의 국립중앙도서관 출판예정도서목록(CIP)은 서지정보유통지원시스템
　홈페이지(http://seoji.nl.go.kr)와 국가자료공동목록시스템(http://www.nl.go.
　kr/kolisnet)에서 이용하실 수 있습니다.(CIP제어번호: CIP2016015803)

생활 주변에서 흔히 볼 수 있는

버섯 100가지

식용·약용·독·불분명한 버섯

김양섭 · 석순자 共著

가람누리

머리말

　우리나라는 삼면이 바다에 둘러싸여 있는 반도로서 지리적으로는 아한대에서 난대에 위치하여 다양하고 풍부한 생물종이 서식하고 있다. 그에 따라 다양하고 많은 종의 버섯이 분포하고 있다. 이러한 버섯은 식물 및 곤충들에 활물기생하기도 하고, 또 사물기생균(분해자)으로서나 공생균으로서 밀접한 관계를 맺고 있어, 자연생태계에서 없어서는 안 될 매우 중요한 역할을 담당하고 있다. 대부분의 버섯은 작고, 갑자기 발생하여 급격히 사라지기도 하며 일부 버섯은 환각·환청·환시를 일으키는 등 그 생태가 매우 신비롭기 때문에, 외국에서는 버섯에 대한 많은 설화가 전해지고 있다. 최근 급격한 경제 발전으로 많은 사람들이 들과 산을 찾고, 레포츠로서 산행을 하게 되어 자연스럽게 버섯과 접할 수 있는 기회가 많아지고 있다. 한편 생활환경의 오염과 공해로 무공해식품, 자연산 식품에 대한 선호가 커지고, 특히 맛과 향이 좋은 야생버섯에 대한 관심도가 높아지고 있다. 버섯은 저칼로리 특이 단백질 식품으로서 면역성을 높이고 항종양, 성인병 예방 등의 효능으로 기능성 식품 또는 생약으로 이용되고 있다. 반면에 야생버섯 중에는 치명적인 독버섯들이 함께 자라고 있어 매년 많은 사람들이 독버섯에 의한 중독 사고를 당하고 있다. 야생 식용버섯을 잘 이용하고, 독버섯에 의한 중독 사고를 예방하기 위해서는 버섯에 대한 올바른 지식을 습득하는 것이 무엇보다 중요하다. 이러한 야생버섯은 산림부존자원으로서 무한한 가치를 가지고 있는 미래 핵심 유전자원이다. 온 국민이 미래의 핵심자원인 버섯의 가치를 재인식하고 자원을 보전하는 데 관심을 갖고 동참하기를 기대한다.

이 책은 우리나라에 자생하고 있는 야생버섯류 중에서 어디서나 흔히 볼 수 있고 발생 빈도가 높은 종, 대표적인 식용버섯과 약용버섯, 그리고 맹독성 독버섯 등 100종을 포함하고 있다. 신비하고 다양한 버섯을 다 보여줄 수는 없지만 버섯에 대한 흥미를 유발하고 초심자를 위한 간단한 안내서이니만큼 많은 버섯애호가들의 사랑을 받는 책이 되기를 바란다.

지은이 씀

목차

머리말 · 4

Part 1 식용버섯

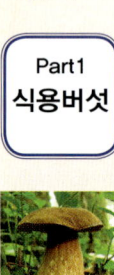 갓그물버섯 · 14
 개암버섯 · 16
 고무버섯 · 18
 곰보버섯 · 20

 그물버섯아재비 · 22
기와버섯 · 25
 긴대밤그물버섯 · 28
 긴뿌리포식동충하초 · 31
 까치버섯 · 34

 깔때기버섯 · 36
 꾀꼬리버섯 · 39
 끈적끈끈이버섯 · 41
 난버섯 · 44
 넓은큰솔버섯 · 47

 노란난버섯 · 49
노란턱돌버섯 · 51
 노랑느타리 · 55
느타리 · 58
능이 · 60

 다색벚꽃버섯 · 63
 들주발버섯 · 66
 땅찌만가닥버섯 · 68
 말불버섯 · 72
 말징버섯 · 74

 망태말뚝버섯 • 76
 먹물버섯 • 79
 명아주개떡버섯 • 81
 목이 • 83
 민자주방망이버섯 • 85

 밀애기버섯 • 88
 배젖버섯 • 90
 버터철쭉버섯 • 92
 분홍느타리 • 95
 붉은덕다리버섯 • 98

 뽕나무버섯 • 100
 뽕나무버섯부치 • 102
 뿔나팔버섯 • 105
 색시졸각버섯 • 107
 양송이 • 110

 요강주발버섯 • 113
 자주졸각버섯 • 116
 잿빛만가닥버섯 • 119
 적갈색애주름버섯 • 122
 족제비눈물버섯 • 126

 좀벌집구멍장이버섯 • 128
 주름버섯 • 130
 찹쌀떡버섯 • 133
 큰갓버섯 • 135
 털목이 • 138

 팽나무버섯 • 140
 풀버섯 • 143
 하늘색 깔때기버섯 • 146
 황갈색 먹물버섯 • 149
 황소비단 그물버섯 • 152

 흑얼룩 배꼽버섯 • 154
 흑자색 그물버섯 • 157
 흰굴뚝버섯 • 160
 흰달걀버섯 • 163
 흰목이 • 166

 흰비단 털버섯 • 169

Part 2 약용버섯

 불로초 • 174
 소나무 잔나비버섯 • 176
 송이 • 178
 싸리버섯 • 181

 아까시 흰구멍버섯 • 183
 잎새버섯 • 185
 자작나무 시루뻔버섯 • 188
 잔나비 불로초 • 190

Part 3 독버섯

두엄먹물버섯 • 194

땅비늘버섯 • 197

마귀곰보버섯 • 200

마귀광대버섯 • 202

맑은애주름버섯 • 204

무늬노루털버섯 • 206

바늘땀버섯 • 208

붉은사슴뿔버섯 • 211

붉은싸리버섯 • 213

비늘버섯 • 216

산속그물버섯아재비 • 219

삿갓외대버섯 • 222

어리알버섯 • 224

젖버섯 • 226

파리버섯 • 228

화경솔밭버섯 • 230

흰오징어버섯 • 232

Part 4 불분명버섯

 가랑잎애기버섯 • 236
 가시갓버섯 • 238
 갈색균핵술잔버섯 • 241
 갈색꽃구름버섯 • 244

 검은팥버섯 • 246
 고깔먹물버섯 • 248
 귀버섯 • 250
 균핵꼬리버섯 • 252
 긴송곳버섯 • 255

 낭상체버섯 • 257
 노란각시버섯 • 260
 노랑무당버섯 • 262
 노린재포식동충하초 • 264
 덧부치버섯 • 266

 도장버섯 • 268

참고문헌 • 271

생활 주변에서

흔히 볼 수 있는

버섯 100가지

part 1

식용버섯

갓그물버섯

Pulveroboletus ravenelii (Berk. & M. A. Curtis) Murrill

갓그물버섯속　그물버섯과　그물버섯목　주름버섯강　담자균문

갓 표면 가운데에 약간 갈색을 띤다.

분류 | 갓그물버섯속(Pulveroboletus) 그물버섯과(Boletaceae) 그물버섯목(Boletales) 주름버섯강(Agaricomycetes) 담자균문(Basidiomycota)

형태적 특징 | 갓그물버섯의 갓은 지름이 3~10㎝ 정도로 둥근 산 모양에서 성장하면서 편평한 모양으로 된다. 갓 표면은 조금 끈적거리며, 노란색의 분말 가루로 덮여 있고, 가운데는 약간 갈색을 띤다. 조직은 백색 또는 황색이나 상처를 입으면 청색으로 변한다. 관공은 끝붙은관공형으로 황색에서 검은 갈색으로 된다. 대의 길이는 3~10㎝ 정도이

노란색의 가루로 덮인 자실체.

며, 속은 조직으로 차 있으며, 표면은 노란색의 가루로 덮여 있다. 노란색의 거미집 막으로 덮였다가 대 위쪽에 턱받이만 남고 나중에 없어진다. 포자문은 황록색이며, 포자 모양은 긴 방추형이다.

발생 시기 및 장소 | 여름부터 가을 사이에 활엽수림, 침엽수림의 땅에 홀로 또는 흩어져서 발생하며, 외생균근성 버섯이다.

관공은 황색이나 포자 형성 후 흑갈색으로 변한다.

끈적거리는 갓 표면.

개암버섯

Hypholoma lateritium (Schaeff.) P. Kummer

개암버섯속 포도버섯과 주름버섯목 주름버섯강 담자균문

갓 주변부의 백색 섬유상 인편.

분류 | 개암버섯속(Hypholoma) 포도버섯과(Strophariaceae) 주름버섯목(Agaricales) 주름버섯강(Agaricomycetes) 담자균문(Basidiomycota)

형태적 특징 | 개암버섯의 갓은 지름이 3~8㎝ 정도이며, 처음에는 반구형이나 성장하면서 편평형이 되며, 갓 가장자리에 백색의 섬유질상 내피막 잔유물이 있으나 성장하면서 소실된다. 갓 표면은 갈황색 또는 적갈색이

내피막 잔유물이 소실된 성숙한 버섯.

며, 습할 때 점성이 있고, 갓 주변부는 연한 색이며, 백색의 섬유상 인편이 있다. 조직은 비교적 두꺼우며 황백색이다. 주름살은 완전붙은주름살형이며, 약간 빽빽하고, 초기에는 황백색이나 차차 황갈색을 거쳐 자갈색이 된다. 대의 길이는 5~15㎝ 정도이며, 위아래 굵기가 비슷하거나 다소 아래쪽이 굵다. 대의 위쪽은 연한 황색이고 아래쪽은 황적갈색이며, 섬유상 인편이 빽빽이 퍼져 있다. 대 속은 성장하면서 비어간다. 턱받이는 없다. 포자문은 자갈색이며, 포자 모양은 타원형이다.

발생 시기 및 장소 | 늦가을에 죽은 나무 그루터기에 뭉쳐서 무리 지어 발생하며 목재부후성 버섯이다.

대 위쪽은 연황색, 기부는 황적갈색이다.

고무버섯

Bulgaria inquinans (Pers.) Fr.

고무버섯속   고무버섯과   두건버섯목   두건버섯강   자낭균문

무리 지어 발생하는 어린 자실체.

분류 | 고무버섯속(Bulgaria) 고무버섯과(Bulgariaceae) 두건버섯목(Leotiales) 두건버섯강(Leotiomycetes) 자낭균문(Ascomycota)

형태적 특징 | 고무버섯의 자실체 크기는 1~3㎝ 정도이고, 성장 초기에는 팽이 모양이고, 기부 쪽으로 점점 좁아진다. 전체 모양은 원형 또는 유원형이며 종종 무리 지어 발생하며, 일그러진 타원형으로 자라기도 한다. 성장하면 정단부가

접시 모양의 윗면.

넓어져 접시 모양을 이루기도 한다. 자실층은 윗면이 검고 편평하다. 하단은 비듬상 인피가 있으며, 연한 갈색 또는 흑갈색을 띤다. 조직은 젤라틴질이고, 고무처럼 강한 탄성이 있으며, 황토색을 띤다. 대 없이 기주의 표피에서 직접 발생한다. 자낭포자는 넓은 타원형이며, 연한 갈색이다.

발생 시기 및 장소 | 초여름부터 가을까지 참나무류의 활엽수 고사목이나 그루터기에서 목재를 썩히며 무리 지어 발생한다.

대가 없이 기주의 표피에서 발생하는 모습.

곰보버섯

Morchella esculenta Pers. ex St. Amans

곰보버섯속 곰보버섯과 주발버섯목 주발버섯강 자낭균문

속이 빈 대의 모습과 호두 껍데기 모양의 머리.

분류 | 곰보버섯속(Morchella) 곰보버섯과(Morchellaceae) 주발버섯목 (Pezizales) 주발버섯강(Pezizomycetes) 자낭균문(Ascomycota)

형태적 특징 | 곰보버섯의 자실체는 지름이 3~5㎝이고, 높이는 5~14㎝ 정도로, 중형 버섯이다. 머리 부분인 갓은 넓은 난형이며, 그물 모양이고, 파인 것처럼 보이는 불규칙한 홈이 있다. 또한 갓은 대의 절반 이상을 덮고 있으며, 아래쪽의 갓은 대에 부착되어 있다. 자실층은 갓의 표면인 홈에 고루 분포되어 있다. 조직은 백색 또는 황토색이고, 다소 탄력성이 있다. 대의 길이는 4~10㎝, 굵기는 2~4㎝ 정도이며, 원통형이고, 기부 쪽이 굵다. 대의 표면은 불분명한 주름이 있으며, 백색을 띤다. 머리부터 기부까지의 속은 비어 있다. 자낭포자는 타원형이다.

호두껍데기 모양의 머리.

발생 시기 및 장소 | 봄에 숲 속이나 나뭇가지가 많은 곳에서 식물과 공생생활을 하는 균근성 버섯이다.

종 모양의 어린 자실체.

자실체의 절반을 차지하는 갓.

그물버섯아재비
Boletus reticulatus Schaeff.

그물버섯속 그물버섯과 그물버섯목 주름버섯강 담자균문

성숙한 반반구형의 자실체.

분류 | 그물버섯속(Boletus) 그물버섯과(Boletaceae) 그물버섯목(Boletales) 주름버섯강(Agaricomycetes) 담자균문(Basidiomycota)

형태적 특징 | 갓은 크기가 32~120㎜로 성장 초기의 모양은 반구형이나 성숙하면 반반구형 또는 편평형으로 되며, 표면은 불규칙하게 울퉁불퉁하다. 건성이나 습할 때는 약간 점성이 있으며, 초기에는 암자색이나 성장하면 색이 옅어지고 황색, 올리브색, 올리브갈색의 반점이 나타난다. 조직은 두껍고 백색이나 후에 옅은 황색 또는 옅은 황갈색으로 되며, 상처를 입어도 변하지 않는다. 맛과 향기는 부드럽다. 관공은 대에 홈관공형으로, 초기에는 백색이나 성숙하면 황색 또는 황갈색으로 변한다. 관공구는 작고 원형이며, 초기에는 백색 균사로 싸여 있으나 성장하면 관공구가 나타나고, 성장하면 황색 또는 황갈색으로 된다. 대의 크기는 45~109×8~37㎜로 원통형이며, 상하의 굵기가 비슷하거나 종종 하부 쪽이 굵다. 표면은 건성이고 암자갈색이며, 땅속에 있는 기부는 백색이고 특히 상부 또는 전면에 백색

성숙한 자실체에서 나타나는 황갈색의 관공.   하부 쪽이 굵은 경우도 있다.

단생하는 자실체.

또는 담자색의 돌출된 종으로 길게 늘어난 망목이 현저하다. 포자문은 올리브갈색이며, 포자의 크기는 13.5~16.8×5~6.5㎛로 모양은 유방추형이며 평활하다. 담자기는 4-포자형이며, 기부에 협구가 없다.

발생 시기 및 장소 | 여름에서 가을에 활엽수림 또는 참나무류와 소나무류의 혼합림 내의 지상에 2~4개씩 무리 지어 또는 홀로 발생하며, 균근형성균이다.

기와버섯

Russula virescens (Schaeff.) Fr.

무당버섯속 무당버섯과 무당버섯목 주름버섯강 담자균문

녹색 또는 녹회색의 갓.

분류 | 무당버섯속(Russula) 무당버섯과(Russulaceae) 무당버섯목(Russulales) 주름버섯강(Agaricomycetes) 담자균문(Basidiomycota)

불규칙하게 다각형 또는 귀열상으로 갈라진 갓 표피.

형태적 특징 | 갓은 크기가 45~135㎜로 초기에는 반구형이나 성숙하면 편평형 또는 중앙오목편평형으로 되며, 드물게는 갓 끝이 반전되기도 한다. 표면은 건성이고, 녹색 또는 녹회색을 띠며, 표피는 불규칙하게 다각형 또는 귀열상으로 갈라지며 갈라진 사이에 유백색의 조직이 보인다. 조직은 백색이고 어린 시기에는 다소 견고하며, 맛과 향기는 부드럽다. 주름살은 대에 떨어진주름살이며 다소 빽빽하고, 초기에는 백색이지만 시간이 경과하면 다소 옅은 황백색을 띠며, 주름살날은 분질상이다. 대는 크기가 32~97×5~23㎜로 원통형이고, 상하 굵기가 비슷하다. 표면은 평활하고 다소 주름선이 종으로 있으며, 백색 또는 유백색이고, 상처를 입어도 변색하지 않는다. 대 속은 초기에는 차 있으나 성장하면 다소 스폰지화한다. 포자문은 백색이며, 포자는 크기가 6.8~7.8×6.2~7.1㎛로 유구형이다. 포자의 표면에는 멜저용액에서 회청색을 띠는 돌기와 미세한 돌기망목이 있다. 담자기는 크기가 35.6~46.2×6.2~7.3㎛로 4-포자형이며, 기부에 협구가 있다. 날시스티디아는 크기가 30.6~58.7×6.5~9.3㎛로 유방추

형이며, 정단 부위에 뾰족한 돌기 또는 유두상 돌기가 있고, 세포벽은 얇으며, 무색이다. 측시스티디아는 크기가 38.8~74.3×8.7~12.5㎛로 유원통상, 원통상 방추형 또는 방추형이며, 정단부에 작은 돌기가 있고, 세포벽은 얇으며 무색이다. 후막시스티디아는 보이지 않는다. 갓 표피상층은 세포벽이 얇은 타원형, 유구형, 난형, 팽대세포로 구성되어 있다.

발생 시기 및 장소 | 여름부터 가을에 주로 잡목림 내의 지상에 홀로 또는 흩어지거나 소수 무리 지어 발생한다.

옅은 황백색의 주름살.   건성의 갓 표면.

긴대밤그물버섯
Boletellus elatus Nagas

밤그물버섯속 그물버섯과 그물버섯목 주름버섯강 담자균문

암갈색·암적갈색의 갓.

분류 | 밤그물버섯속(Boletellus) 그물버섯과(Boletaceae) 그물버섯목(Boletales)
주름버섯강(Agaricomycetes) 담자균문(Basidiomycota)

형태적 특징 | 갓의 폭은 30~90㎜로 반구형 또는 반반구형이고 가끔 편평해지며, 노숙하면 드물게 갓 끝부분이 반전된다. 갓 표면은 건성이고 습할 때 다소 점성이 있으며, 초기에는 미세한 융단상이나 성장하면서 평활해진다. 어릴때는 암갈색이나 성장하면 다소 퇴색하여 담갈색 또는 암적갈색으로 된다. 갓 조직은 육질이고 부드러우며, 등황백색으로 상처가 나면 변하지 않으며, 맛과 향이 없다. 관공의 길이는 8㎜ 정도이

대가 뒤틀려 있기도 한다.

고, 자루에 완전붙은주름살 관공형이나 점차 끝붙은관공형 또는 홈관공형으로 되며, 어릴 때 황색이지만 점차 녹황색 또는 등록황색으로 된다. 관공구는 각형이고 크며, 황색이나 후에 녹황색 또는 등황색으로 되며, 상처가 나도 변색되지 않는다. 대의 크기는 90~230×6~12㎛이고, 대단히 크고 길며, 아랫부분이 굵어 곤봉형(14~40㎜)이고, 종종 뒤틀려 있다. 자루 표면이 건조하고 융단상 가는 털이 있으며, 갓과 거의 같은 색이거나 다소 어두운 색이다. 어린 시기에는 자회색이며 세로선이 있고, 상부에 불완전하며 미세한 망목이 있으며, 기부에는 백색의 균사가 있다. 자루 조직이 부드럽고 백색이며, 상처가 나도 색이 변하지 않는다. 포자문은 올리브 갈색이고, 포자의 크기는

16~18×9~10㎛으로 타원형 또는 원통상 유사난형이다. 포자의 표면에 길고 짧은 홈 세로선이 있으며, 다소 뒤틀려 있거나 상호 연결맥이 있고, 정단부에 발아공이 있다. 담자기의 크기는 35~37×12~13㎛이고, 2-, 3-, 4-포자형이며, 기부에 꺽쇠 연결이 있다. 측낭상체는 없고, 날낭상체의 크기는 30~56×6~9㎛이고 드물며, 유사방추형이거나 종종 정단부가 길게 늘어져 있고, 세포벽이 얇다. 갓 표피상층은 울타리형으로 폭이 4~6㎛이고, 세포벽이 얇다. 자루의 기부 표면에 담자기가 있으며, 크기가 37~12.3㎛이고, 대부분 2-포자형이나 드물게는 4-포자형도 있지만 매우 드물다. 자루낭상체는 20~68×7~12㎛이고 매우 드물며 역곤봉형, 울타리형이다.

발생 시기 및 장소 | 여름에서 가을에 걸쳐 적송과 참나무 숲의 혼합림 내의 땅 위에 홀로 또는 흩어져 발생한다.

반반구형의 갓.

홀로 또는 흩어져 발생한다.

긴뿌리포식동충하초

Ophiocordyceps longissima (Kobayasi) G. H. Sung, J. M. Sung, Hywel-Jones & Spatafora

포식동충하초속　잠자리동충하초과　동충하초목　동충하초강　자낭균문

초기에 장미색인 자실체.

분류 | 포식동충하초속(Ophiocordyceps) 잠자리동충하초과(Ophiocordycipitaceae) 동충하초목(Hypocreales) 동충하초강(Sordariomycetes) 자낭균문(Ascomycota)

성장으로 인한 퇴색.

형태적 특징 | 자실체는 매미 종류 유충의 머리 부위에 일반적으로 1개의 자실체가 발생하며, 분지가 없고 특별히 길게 늘어나 있다. 자좌(stroma)의 전체 길이가 34~125㎜로 길게 늘어난 곤봉상의 두부(head)와 대로 구분되어 있다. 자실층인 두부는 크기가 4.5~6×2.5~4㎜로 곤봉형 또는 방추형이며 초기에는 장미색이나 성장하면 퇴색하여 옅은 갈색을 띤다. 대는 크기가 35~68×1.5~2.5㎜로 원통형이고 길며, 대부분 비틀리고 굽어 있으며, 평활하거나 약간 미세한 털이 있고 옅은 갈색을 띤다. 피자기(perithecia)는 크기가 585~5,640×275~5,304㎛로 매몰형이며, 난형이고, 공구는 미세한 점으로 밀포되어 있다.

대부분 비틀리고 굽어 있다.

피자기 사이의 균사조직은 다소 성글다. 자낭은 크기가 395.2 ~415.3×3~4㎛이고 긴 원통형이며, 두부의 지름은 4.5~5.5 ㎛이다. 자낭포자는 크기가 305~5,388.5×1~1.2㎛이고 실 모양이다. 2차 포자의 크기는 8.6~10.4×±1㎛로 양쪽 끝은 절단형이다.

발생 시기 및 장소 | 일반적으로 매미류의 유충 또는 용의 머리 부위에 발생한다.

까치버섯

Polyozellus multiplex (Underw.) Murrill

까치버섯속 사마귀버섯과 사마귀버섯목 주름버섯강 담자균문

꽃배추와 유사한 형태의 자실체.

분류 | 까치버섯속(Polyozellus) 사마귀버섯과(Thelephoraceae) 사마귀버섯목(Thelephorales) 주름버섯강(Agaricomycetes) 담자균문(Basidiomycota)

형태적 특징 | 까치버섯은 높이 5~15㎝, 너비 5~30㎝ 정도이며, 하부의 대는 하나이지만 분지하여 여러 개의 갓이 된다. 갓은 지름 5㎝ 정도로 꽃양배추 또는 잎새버섯 모양이며, 두께가 얇고, 끝부분은 파상형이다. 표면은 매끄럽고, 흑청색 또는 남흑색을 띤다. 조직은 얇고 육질이나 약간 질기다. 자실층은 내린형이며, 회백색 또는 회청색이고, 백색의 분질물로 덮여 있다. 대의 길이는 2~5㎝ 정도이고 원통형이며, 갓과 경계가 불분명하고, 갓과 같은 색을 띠며, 조직은 연하나 건조하면 단단해진다. 포자문은 백색이며, 포자 모양은 구형이다.

자실층은 회청색을 띤다.

발생 시기 및 장소 | 가을에 침엽수림, 활엽수림 또는 혼합림 내의 땅 위에 무리 지어 나거나 홀로 발생한다.

매끄러운 표면.

송이와 같은 장소에서 발생한다.

깔때기버섯

Clitocybe nebularis (Batsch) P. Kumm.

깔때기버섯속　　송이과　　주름버섯목　　주름버섯강　　담자균문

편평한 갓 윗면.

분류 | 깔때기버섯속(Clitocybe) 송이과(Tricholomataceae) 주름버섯목 (Agaricales) 주름버섯강(Agaricomycetes) 담자균문(Basidiomycota)

형태적 특징 | 깔때기버섯의 갓은 크기가 5.5~14㎝로 깔때기버섯류 중에서 매우 크며, 모양은 초기에 반반구형이고 갓 끝은 안쪽으로 말려 있으며, 성장하면 점차 편평하게 펴지고, 중앙 부위는 다소 함

곤봉형의 굵은 대.

몰되거나 약간 돌출되어 있으며, 갓 끝은 위로 반전되기도 한다. 표면은 회색·옅은 갈회색·옅은 갈색을 띠며, 습할 때는 약간 점성이 있고 갓 끝 부위에 방사상의 섬유질이 드물게 나타난다. 조직은 비교적 두꺼우며 치밀하고 백색이다. 맛과 향기는 다소 불분명하다. 주름살은 대에 짧은 내린주름살이고 빽빽하며 옅은 황백색·백황색을 띤다. 주름살날은 평활하다. 주름살은 갓 조직으로부터 분리가 잘 된다. 대의 길이는 4.2~8.3㎝로 대 하부 쪽이 굵어져 곤봉형이 되거나 기부가 팽대해져 괴근형

대에 짧게 내린주름살.

균륜을 형성하며 발생한 모습.

균륜을 형성한 모습.

을 이룬다. 표면은 백색·옅은 회색 바탕에 종으로 옅은 회갈색의 섬유질이 있으며, 대 기부에 백색 균사모가 있다. 속은 차 있거나 다소 비어 있다. 포자문은 옅은 황색이며, 포자는 타원형이고 표면은 평활하며, 비아밀로이드이다.

발생 시기 및 장소 | 여름에서 늦가을에 주로 침엽수림 내 지상 또는 부식질이 많은 곳에 소수 무리 지어 발생하거나 또는 드물게는 흩어져 발생한다.

꾀꼬리버섯

Cantharellus cibarius Fr.

꾀꼬리버섯속 꾀꼬리버섯과 꾀꼬리버섯목 주름버섯강 담자균문

무리 지어 발생하는 자실체.

분류 | 꾀꼬리버섯속(Cantharellus) 꾀꼬리버섯과(Cantharellaceae) 꾀꼬리버섯목(Cantharellales) 주름버섯강(Agaricomycetes) 담자균문(Basidiomycota)

형태적 특징 | 꾀꼬리버섯의 크기는 3~10㎝ 정도이며, 갓의 지름은 3~8㎝ 정도이고, 나팔형이나 성장하면서 편평해진다. 표면은 난황색을 띠나 성장하면서 연한 난황색을 띤다. 갓 둘레는 불규칙하게 굴곡이 지거나 갈라져 있다. 조직

주름살 사이의 연락맥.

은 약간 두꺼우며 질기고, 연한 황색을 띤다. 주름살은 대에 길게 내린주름살형으로 약간 빽빽하며, 황색이고, 주름살 사이에 연락맥이 있다. 대의 길이는 2~7㎝ 정도이며, 원통형이다. 대의 굵기는 아래쪽이 다소 가늘며, 편심형 또는 중심형이다. 대의 길이는 비교적 짧고 단단하며 난황색을 띤다. 포자문은 담황색이고, 포자 모양은 타원형이다.

발생 시기 및 장소 | 늦여름부터 가을에 걸쳐 혼합림 내의 땅 위에 무리 지어 발생하고, 외생균근성 버섯이다.

나팔형의 자실체.

몸체에서는 살구향이 난다.

끈적끈끈이버섯

Oudemansiella mucida (Schrad.) Höhn.

끈끈이버섯속   뽕나무버섯과   주름버섯목   주름버섯강   담자균문

난황색을 띠는 갓.

분류 | 끈끈이버섯속(Oudemansiella) 뽕나무버섯과(Physalacriaceae) 주름버섯목(Agaricales) 주름버섯강(Agaricomycetes) 담자균문(Basidiomycota)

형태적 특징 | 갓은 크기가 22~68 ㎜로 성장 초기에는 반구형 또는 반반구형이고, 끝은 백색의 내피막으로 싸여 있으나 성장하면 끝이 펴지며, 내피막은 갓 끝에서 떨어져 대에 남아 있고, 갓은 편평하게 펴지며 편평상 반반구형 또는

흰색의 주름살과 턱받이.

편평형으로 된다. 표면에는 습할 때 잘 떨어져나가는 현저한 젤라틴질층이 있고 다소 반투명선이 나타나며, 종종 중앙 부위에 방사상으로 주름이 있다. 백색 또는 옅은 황색 또는 상아색이나 중앙 부위는 종종 옅은 황토색을 띤다. 조직은 얇고 육질형이며 백색이다. 냄새는 불분명하며, 맛은 부드럽다. 주름살은 8~30×5~9㎜로 대에 완전붙은주름살이고, 비교적 넓고 성글며, 백색 또는 옅은 황색이고, 주름살 기저부에 간맥이 있으며, 주름살날은 평활하고, 백색이다. 대는 크기가 35~65×3~7㎜로 원통형이고, 상하 굵기가 비슷하거나 기부 쪽이 다소 굵다. 표면은 턱받이 상부는 백색이며, 종으로 홈선이 있고, 턱받이 하부는 초기에는 백색을 띠나 점차 회갈색으로 되며, 종으로 선이 있다. 조직은 연골질이고 단단하며, 속은 비어 있다. 턱받이는 막질이고 백색이며 영존성이고, 대의 1/2~2/3 부위에 있다. 포자는 크기가 16.3~22.7×14.6~20.7㎛로 유구형 또는 넓

은 타원형이고, 평활하며 멜저용액에서 비아밀로이드이다. 포자문은 백색이다. 담자기는 크기가 56.8~72.5×15.4×18.4㎛(Breitenbach&Kranzlin 1991 : 70~90×16~22㎛)로 4-포자형이며, 기부에 협구가 있다. 날시스티디아는 크기가 55.3~126.5×11.7~28.5㎛로 방추상 편복형 또는 곤봉형이고, 세포벽은 약간 두껍고, 무색이다. 측시스티디아의 크기는 60.2~112.5×12.8~30.5㎛로 방추형 또는 편복형, 원추상 곤봉형이며, 세포벽은 약간 두껍거나 얇다. 자실층 조직은 평행균사로 구성되어 있다. 갓 표피상층은 젤라틴질층 내에 직립의 구불구불하고 세포벽이 얇으며 무색인 곤봉상, 원통형 말단세포로 구성되어 있다.

발생 시기 및 장소 | 여름에서 가을에 걸쳐 벚나무, 너도밤나무 등 활엽수의 고목 또는 고사목, 그루터기 등에 소수 모여서 또는 무리 지어 발생한다.

갓 표면의 젤라틴층.   고목에 무리 지어 발생한 모습.

난버섯

Pluteus cervinus (Schaeff.) P. Kumm.

난버섯속   난버섯과   주름버섯목   주름버섯강   담자균문

백색의 주름살.

분류 | 난버섯속(Pluteus) 난버섯과(Pluteaceae) 주름버섯목(Agaricales) 주름버섯강(Agaricomycetes) 담자균문(Basidiomycota)

형태적 특징 | 갓은 크기가 45~104㎜이고, 어릴 때는 원추상 종형 또는 난형이나 성숙하면 반반구형, 편평형 또는 종종 중앙볼록 편평형으로 된다. 표면은 암갈색, 회갈색, 적갈색을 띠며, 일반적으로 중앙 부위는 짙은 색을 띤다.

원추상 종형의 갓.

방사상으로 섬유상의 미세한 인편이 있으며, 건조 시에는 견사상의 광택이 나고, 드물게는 귀열상으로 갈라진다. 조직은 육질형이며 비교적 얇고, 백색이다. 맛과 향기는 불분명하다. 주름살은 대에 떨어진주름살이고, 약간 빽빽하며 성장 초기에는 백색을 띠나 성장하면 분홍색을 띠고, 주름살날은 평활하다. 대는 크기가 35~72×4~9.5㎜로 원통형이고, 상하 굵기가 비슷하거나 기부 쪽이 다소 굵고, 종종 뒤틀려 있다. 표면은 옅은 회갈색을 띠고, 종으로 섬유질선이 있으며, 종종 손거스러미상의 섬유상 인피가 있다. 성장한 대의 속은 종종 비어 있다. 포자는 크기가 6.7~8.8×4.8~6.5㎛로 넓은 타원형이며, 평활하고, 멜저용액에서 비아밀로이

암갈색, 적갈색, 회갈색을 띠는 갓 표면.

드이며, 포자문은 육색이다. 담자기는 크기가 23.5~34.7×8.1~9.2㎛로 원통상 곤봉형이며, 4-포자형이고, 기부에 협구가 없다. 날시스티디아는 크기가 24.5~41.5×10.3~25.3㎛로 서양배 모양 또는 곤봉형이고, 세포벽은 얇으며 뿔이 있거나 또는 없고, 측시스티디아와 모양이 유사한 후막시스티디아가 산재해 있다. 측시스티디아의 크기는 52~78×12.1~22.7㎛로 방추형이며 두껍고, 끝에는 갈고리 모양의 2~4개의 뿔이 있는데, 뿔이 없고 단순하게 끝이 뾰족한 것도 있다. 자실층 조직은 역갈빗살형이다. 갓 표피상층은 폭 4.7~8.8㎛인 평행균사로 구성되어 있으며, 옅은 갈색 색소가 있고 협구가 없다.

발생 시기 및 장소 | 봄에서 가을에 걸쳐 부후목이나 썩은 톱밥 더미 위에 무리 지어 발생한다.

백색의 대.

부후목에서 발생한 모습.

넓은큰솔버섯
Megacollybia platyphylla (Pers.) Kotl. & Pouzar

큰솔버섯속　낙엽버섯과　주름버섯목　주름버섯강　담자균문

오목편평형의 갓을 가진 자실체 모습과 흰색의 대에 완전붙은주름살.

분류 | 큰솔버섯속(Megacollybia) 낙엽버섯과(Marasmiaceae) 주름버섯목(Agaricales) 주름버섯강(Agaricomycetes) 담자균문(Basidiomycota)

형태적 특징 | 넓은큰솔버섯 갓의 지름은 5~15㎝ 정도이며, 초기에는 평반구형이나 성장하면서 오목편평형이 된다. 갓 표면은 어릴 때는 진한 흑갈색이나 점차 연한 회색으로 되고, 방사상으로 섬유질선이 있으며, 성장

홀로 또는 무리 지어 발생한다.

하면 종종 표면이 방사상으로 갈라지기도 한다. 조직은 얇으며, 백색이다. 주름살은 대에 완전붙은주름살형이고, 성글며, 백색이다. 주름살 사이에 간맥이 있으며, 주름살 끝은 분질상이다. 대의 길이는 6~15㎝, 굵기는 0.5~2㎝ 정도이며, 토양 표면과 붙어 있는 부분이 조금 굵으며, 속은 비어 있다. 포자문은 백색이고, 포자 모양은 타원형이다.

발생 시기 및 장소 | 여름부터 가을까지 활엽수의 고목, 그루터기 또는 나무가 매몰된 지상에 홀로 또는 무리 지어 발생한다.

노란난버섯

Pluteus leoninus (Schaeff.) P. Kumm.

난버섯속   난버섯과   주름버섯목   주름버섯강   담자균문

밝은 황색의 자실체.

분류 | 난버섯속(Pluteus) 난버섯과(Pluteaceae) 주름버섯목(Agaricales) 주름버섯강(Agaricomycetes) 담자균문(Basidiomycota)

형태적 특징 | 노란난버섯의 갓은 지름이 3~6㎝ 정도이며, 처음에는 종형이나 성장하면서 중앙볼록편평형이 된다. 갓 표면은 밝은 황색이며, 습할 때 가장자리 쪽으로 방사상의 선이 보인다. 주름살은 떨어진주름살형이며, 빽빽하고, 처

무리 지어 발생한 모습.

음에는 백색이나 성장하면서 연한 홍색이 된다. 대의 길이는 3~8㎝ 정도이며, 백색이고, 위아래 굵기가 비슷하고, 아래쪽에 연한 갈색의 섬유상 인편이 있으며, 속은 처음에 차 있으나 성장하면서 빈다. 조직은 백색이다. 포자문은 연한 홍색이며, 포자 모양은 유구형이다.

발생 시기 및 장소 | 봄부터 가을에 걸쳐 활엽수의 고목, 썩은 나무 등에 무리 지어 나거나 홀로 발생한다.

대의 표면에는 갈색의 인편이 있다.

참나무 부후목에 발생한 모습.

노란턱돌버섯
Descolea flavoannulata (Lj. N. Vassiljeva) E. Horak

돌버섯속   끈적버섯과   주름버섯목   주름버섯강   담자균문

성장 초기의 구형 또는 유구형의 갓.

분류 | 돌버섯속(Descolea) 끈적버섯과(Cortinariaceae) 주름버섯목(Agaricales) 주름버섯강(Agaricomycetes) 담자균문(Basidiomycota)

형태적 특징 | 갓은 크기가 45~85㎜로 성장 초기에는 구형 또는 유구형이나 성장하면 반반구형 또는 중앙볼록편평형으로 된다. 표면은 건성이고 황토색, 암황갈색을 띠며, 황색의 콩짜개

사마귀상의 외피막이 다수 존재한다.

모양 또는 사마귀상의 외피막의 잔유물이 다수 산재해 있으며, 방사상의 주름이 있다. 갓 끝은 성장 초기에 안쪽으로 굽어 있다. 조직은 섬유질상 육질이고, 백색 또는 담황갈색을 띠며, 중앙 부위는 두껍다. 향기는 불분명하며 맛은 부드럽다. 주름살은 완전붙은주름살이나 종종 성장하면 떨어진주름살로 되며 다소 성글고, 초기에는 황갈색이나 차차 암황갈색으로 변한다. 주름

홀로 발생한 자실체.

흩어져 발생한 자실체.

살날은 황색 분질이 있다. 대는 크기가 45~100×5~10㎜로 원통형이며, 상하의 굵기는 비슷하나 기부는 약간 팽대하여 유구근상을 이룬다. 표면은 상부는 황토색이고, 하부는 갈색을 띠며, 종으로 섬유질선이 있고, 기부 쪽에는 외피막 잔유물이 산재해 있다. 턱받이는 대의 2/3~1/2 부위에 있으며 황색의 막질로, 상면에 방사상의 홈선이 있다. 포자는 크기가 10.5~14.7×7.3~9.5㎛로 레몬형이며, 표면에는 사마귀

대에 위치한 턱받이.

상 돌기가 있고 발아공은 없으며, 포자문은 황토색이다. 담자기는 크기가 38.7~45.5×8.1~12.3㎛로 곤봉형이며, 4-포자형이고 드물게는 2-포자형도 있으며, 기부에 협구가 없다. 날시

건성의 표면.

황갈색의 주름살.

스티디아는 크기가 14.5~21.4×8.3~14.8㎛로 넓은 곤봉형 또는 자실형이고, 세포벽은 얇으며 무색이다. 측시스티디아는 없다. 갓 표피상층은 폭이 6.5~18.5㎛인 유구형 또는 곤봉형 세포로서 세포벽이 얇으며, 옅은 황갈색을 띠고, 드물게는 균사에 협구가 있다. 갓 표면의 외피막은 폭이 4.5~8.4㎛인 사상의 균사로 구성되어 있으며, 부분적으로 약간 세포벽이 두껍고, 드물게는 격막에 협구가 있다.

성숙하며 짙어지는 주름살의 색.

발생 시기 및 장소 | 늦은 여름에서 가을에 걸쳐 주로 소나무림 내의 지상 또는 활엽수림 내 지상에 홀로 또는 흩어져 발생한다.

노랑느타리

Pleurotus citrinopileatus Singer

느타리속　느타리과　주름버섯목　주름버섯강　담자균문

밝은 황색 또는 유황색의 자실체.

분류 | 느타리속(Pleurotus) 느타리과(Pleurotaceae) 주름버섯목(Agaricales) 주름버섯강(Agaricomycetes) 담자균문(Basidiomycota)

형태적 특징 | 자실체는 일반적으로 하나의 대에서 위쪽으로 다수의 분지(5~15개)가 형성되며 각각의 정단에 갓이 하나씩 있다. 갓은 크기가 35~55㎜로 모양은 초기에는 반반구형이나 성장하면 편평하게 펴지며, 중앙 부위가 함몰되어 깔때기형으로 된다. 표면은 평활하고, 밝은 황색 또는 유황을 띤다. 갓 중앙 부위 또는 끝 부위에 종종 백색의 내피막 잔유물이 부착되어 있다. 조직은 얇고 백색이며, 밀가루 냄새가 나고, 맛은 부드러우나 섬유질이 비교적 많아 질기다. 주름살은 대에 긴 내린주름살이고, 다소 성글거나 약간 빽빽하며, 성장 초기에는 백색이나 성장하면 황색을 띤다. 주름살날은 평활하다. 대는 크기가 25~45×3.5~12㎜(대 기부의 지름 25㎜)로 원통형으로 윗쪽으로 2

고목에 무리 지어 발생한 모습.

~4회 분지가 일어나며 도합 5~15개의 분지가 형성된다. 표면은 평활하며 백색 또는 다소 옅은 황색을 띤다. 포자는 크기가 5.5~8.7×2.8~3.2㎛로 원통형이며, 표면은 평활하고 비아밀로이드이다. 포자문은 백색이다. 담자기는 크기가 21.5~26.8×5.7~7.2㎛로 곤봉형이며 4-포자형이다. 날시스티디아는 크기가 8.7~31×3.3~3.8㎛로 방추형, 유원통형, 유곤봉형이며, 정단 부위가 가늘고 뾰족하고, 종종 기름방울이 끝을 둘러싸고 있으며, 세포벽은 얇다. 측시스티디아는 없다. 자실층 조직은 제1균사형(monomitic)이고, 조직의 균사는 비교적 두껍다.

주름살 모습.

발생 시기 및 장소 | 여름부터 가을에 미루나무, 버드나무, 뽕나무 등 활엽수 고목 그루터기 위에 무리 지어 발생한다.

느타리

Pleurotus ostreatus (Jacq.) P. Kumm.

느타리속 느타리과 주름버섯목 주름버섯강 담자균문

흰색 내린주름살의 자실체.

분류 | 느타리속(Pleurotus) 느타리과(Pleurotaceae) 주름버섯목(Agaricales) 주름버섯강(Agaricomycetes) 담자균문(Basidiomycota)

형태적 특징 | 느타리의 갓은 지름이 5~15㎝ 정도로 둥근 산 모양에서 성장하면서 조개껍데기 또는 반원형으로 되며, 종종 깔때기 모양으로 된다. 갓 표면은 매끄럽고 습기가 있으며, 회색, 흑색, 회갈색 등 다양하다. 조직은 두껍고 탄력이 있으며, 백색이다. 주름살은 내린주름살형으로 백색 또는 회색이고, 약간 빽빽하다. 대의 길이는 1~4㎝ 정도이며, 측심형 또는 편심형이며, 표면은 백색이고, 대 기부에는 백색의 짧은 털 모양의 균사가 덮여 있다. 가끔 대가 없이 갓이 기주에 부착한 경우도 있다. 포자문은 백색 또는 연한 자회색이며, 포자 모양은 타원형이다.

가을에는 회청색을 띤다.

발생 시기 및 장소 | 늦가을에서 봄 사이에 썩은 고목에 뭉쳐서 발생하며 나무를 분해하는 부후균이다.

느타리(야생종).

대가 없이 기주에 부착한 모습.

능이 (향버섯)

Sarcodon aspratus (Berk.) S. Ito

노루털버섯속   노루털버섯과   사마귀버섯목   주름버섯강   담자균문

갓 위에는 거친 인편이 있다.

분류 | 노루털버섯속(Sarcodon) 노루털버섯과(Bankeraceae) 사마귀버섯목 (Thelephorales) 주름버섯강(Agaricomycetes) 담자균문(Basidiomycota)

형태적 특징 | 능이의 갓은 지름이 5~25㎝ 정도이며, 버섯 높이는 5~25㎝ 정도로 처음에는 편평형이나 성장하면서 깔때기형 또는 나팔꽃형이 되고, 중앙부는 대의 기부까지 뚫려 있다. 갓 표면은 거칠고 위로 말린 각진 인편이 밀집해 있다. 자실체는 처음에는 연한 홍색

흙갈색을 띠며 성장하는 자실체.

또는 연한 갈색이나 성장하면서 홍갈색 또는 흑갈색으로 변하며, 건조하면 흑색으로 된다. 조직은 연한 홍갈색인데 건조하면

나팔꽃형의 자실체.

침으로 이루어진 자실층.

회갈색으로 된다. 자실층은 길이 1㎝ 이상 되는 많은 침이 돋아 있고, 초기에는 회백갈색이나 성장하면서 연한 흑갈색이 된다. 대의 길이는 3~5㎝ 정도로 비교적 짧고, 기부까지 침이 돋아 있으며, 연한 흑갈색을 띤다. 포자문은 연한 갈색이며, 포자 모양은 구형이다.

발생 시기 및 장소 | 가을에 활엽수림 내 땅 위에 무리 지어 나거나 홀로 발생한다.

활엽수림 지상에 발생.

다색벚꽃버섯

Hygrophorus russula (Schaeff.) Kauffman

벚꽃버섯속 벚꽃버섯과 주름버섯목 주름버섯강 담자균문

빽빽한 내린주름살의 자실체.

분류 | 벚꽃버섯속(Hygrophorus) 벚꽃버섯과(Hygrophoraceae) 주름버섯목(Agaricales) 주름버섯강(Agaricomycetes) 담자균문(Basidiomycota)

파상으로 굴곡져 있는 자실체.

형태적 특징 | 갓은 크기가 40~130(180)㎜로 어릴 때는 반구형 또는 반반구형이고, 갓 끝은 안쪽으로 말려 있으나, 성장하면 중앙볼록편평형 또는 중앙오목편평형으로 변하는데 드물게는 갓 끝이 위로 반전되어 약간 깔때기형이 되기도 한다. 갓 주변 부위는 종종 파상으로 굴곡이 져 있다. 표면은 습할 때 다소 점성이 있으며 평활하고, 중앙부의 색은 자적색, 암적갈색 또는 갈적색이고, 주변부는 옅은색 또는 분홍색 바탕에 적갈색 반점이 있거나 얼룩진다. 조직은 두껍고, 백색 또는 옅은 분홍색이고 종종 암적색의 얼룩이 있으며, 맛과 향기는 부드럽다. 주름살은 대에 완전붙은주름살 또는 내린주름살이고, 빽빽하거나 약간빽빽하며, 주름살날은 평활하고 초기에는 백색이나, 후기에는 포도주색의 반점으로 얼룩진다. 대는 크기가 32~104×8~28㎜로 원통형이며, 상하 굵기가 비슷하거나 상부 쪽 또는 하부 쪽으로 가늘고, 종종 굽어 있다. 표면은 백색이나, 성장하면 포도주색의 섬유질이 생성되고, 같은 색의 반점으로 얼룩지며, 속은 차 있다. 포자문은 백색이고, 포자는 크기가 5.8~7.8×3.5~4.6㎛이며 모양은 타원형이고, 표면은 평활하며,

멜저용액 반응에서 비아밀로이드이다. 담자기는 크기가 48.5~62.4× 6.4~8.5㎛로 긴곤봉형이며, 4-포자형이고, 기부에 협구가 있다. 시스티디아는 없다. 자실층은 갈비살형(bilateral)이다. 갓 표피상층은 세포벽이 얇고, 폭이 4.3~6.8㎛인 균사로 구성되어 있으며, 젤라틴질층이 있고, 균사의 격막에는 협구가 있다.

상처를 주거나 만지면 적갈색 반점이 생긴다.

발생 시기 및 장소 | 가을에 송이 발생 시기에 활엽수(참나무류, 상수리, 졸참나무, 굴참나무, 너도밤나무 등) 또는 침엽수가 혼재한 지상에서 흩어져서 또는 무리 지어 발생한다.

습할때도 다소 점성을 띤다.

흩어져 발생한 모습.

들주발버섯
Aleuria aurantia (Pers.) Fuckel

들주발버섯속   털접시버섯과   주발버섯목   주발버섯강   자낭균문

접시형 또는 불균형 접시형의 자실체.

분류 | 들주발버섯속(Aleuria) 털접시버섯과(Pyronemataceae) 주발버섯목 (Pezizales) 주발버섯강(Pezizomycetes) 자낭균문(Ascomycota)

형태적 특징 | 자실체는 접시 또는 컵 모양이고, 대가 없다. 폭은 10~100㎜로 드물게는 120㎜도 있으며 초기에는 컵 모양이지만 성장하면서 접시형 또는 불균형 접시형으로 된다. 포자가 형성되는 자실층은 밝은 등황색 또는 등적색이고, 평활하

관공형의 자실층.

며, 바깥쪽 면은 옅은 등황색 또는 옅은 오렌지색이며 가장자리는 평활하다. 조직은 얇고 쉽게 잘 부서진다. 자낭의 크기는 185~5,200×10~13㎛이며, 8-자낭포자를 내포하고 있고, 자낭의 정단 부위는 요오드용액에 푸른색을 띠지 않는다. 자낭포자의 크기는 14~16×9~11㎛이고 타원형이며, 표면에는 망목이 있다. 측사의 정단 부위 폭은 8~10㎛이고, 장곤봉형이다.

발생 시기 및 장소 | 봄부터 늦가을까지 산길이나 나지에 무리 지어 발생한다.

기부에 여러 개가 뭉쳐 난 모습.

무리 지어 발생한 모습.

땅찌만가닥버섯
(땅지버섯, 땅지네버섯)
Lyophyllum shimeji (Kawam.) Hongo

만가닥버섯속　만가닥버섯과　주름버섯목　주름버섯강　담자균문

회색 또는 옅은 회갈색의 자실체.

분류 | 만가닥버섯속(Lyophyllum) 만가닥버섯과(Lyophyllaceae) 주름버섯목(Agaricales) 주름버섯강(Agaricomycetes) 담자균문(Basidiomycota)

형태적 특징ㅣ 자실체는 송이형 또는 애기버섯형으로 갓은 크기가 35~105㎜로 성장 초기에는 원추상 반구형 또는 원추상 반반구형이고, 갓 끝은 안쪽으로 말려 있으나 성장하면 갓 끝이 편평하게 펴지며, 종종 중앙볼록편평형 또는 중앙오목편평형으로 된다.

송이 또는 애기버섯형의 자실체.

표면은 평활하고 건성이며, 성장 초기에는 암갈색을 띠나 성장하면 회색 또는 옅은 회갈색을 띤다. 조직은 두껍고 육질형이며 치밀하고, 백색이며 상처를 입어도 변하지 않는다. 맛은 부드럽고, 냄새는 전형적인 버섯 향이며 특별한 향이 없다. 주름살은 대에 홈주름살 또는 짧은 내린주름살로 좁고 빽빽하며, 백색 또는 옅은 황색이고, 주름살날은 평활하다. 대는 35

다발로 자라는 자실체.

성장 초기의 자실체.

표면도 평활하며 건성이다.

~75×4~12㎜(대의 기부 6~25㎜)로 원통형이고, 성장 초기에는 대부분 기부 쪽이 굵으나 성장하면 상하 굵기가 비슷하다. 표면은 평활하며, 종으로 섬유질이 있고, 회백색 또는 백회색을 띠며, 옅은 회갈색 섬유질이 종으로 있다. 조직은 치밀하고 육질이며 백색이다. 포자문은 백색이고, 포자는 크기가 5.2~6.8㎛로 모양은 구형 또는 유구형이며, 표면은 평활하고 멜저용액에서 비아밀로이드이다. 담자기는 크기가 28.5~39.4×7.3~8㎛로 4-포자형이며, 기부에 협구가 있고 siderophilous 입자가 있다. 자실층 조직은 평행균사형으로 구성되어 있다. 날시스티디아와 측시스티디아는 없다. 갓 표피상층은 폭이 3.6~6.3㎛인

무리 지어 발생한 모습.

사상균사로 구성되어 있으며, 균사의 격막에 협구가 있고, 옅은 황갈색 색소가 있다. 대시스티디아는 크기가 22.5~35.6×3.8~7.2㎛로 원통형, 좁은 반추형, 좁은 곤봉형이고 종종 상단부가 약간 신장되어 있으며, 세포벽은 얇고 무색이다.

발생 시기 및 장소 | 가을에 송이버섯이 질 무렵 참나무림 내 또는 참나무와 소나무가 혼재한 지상에 흩어져서 또는 소수 무리 지어 발생한다. 외생균근균이다.

말불버섯
Lycoperdon perlatum Pers.

말불버섯속 주름버섯과 주름버섯목 주름버섯강 담자균문

원추형의 자실체 안에 성숙한 포자와 자르면 흰색을 띠는 어린 자실체.

분류 | 말불버섯속(Lycoperdon) 주름버섯과(Agaricaceae) 주름버섯목(Agaricales) 주름버섯강(Agaricomycetes) 담자균문(Basidiomycota)

형태적 특징 | 말불버섯의 자실체는 지름이 2~6㎝ 정도, 높이는 3~6㎝ 정도이며, 원추형이다. 표면은 백색이나 차차 황갈색으로 변하고, 윗부분에는 흑갈색의 작은 피라미드형의 돌기가 무수히 부착되어 있고, 만지면 쉽게 떨어진다. 자실체의 측면과 아래쪽에는 종으로 난 주름이 있으며, 흑갈색의 돌기가 있다. 버섯이 성장하면 정단 부위에 하나의 구멍이 생기는데, 그곳으로 포자가 분출된다. 포자는 갈색이며, 구형이다.

피라미드상의 돌기.

발생 시기 및 장소 | 여름부터 가을에 걸쳐 부식질이 많은 땅 위에 홀로 나거나 무리 지어 발생하며, 부생생활을 한다.

표면은 백색에서 갈색으로 변한다.

정단 부위에 생긴 구멍.

말징버섯
Calvatia craniiformis (Schwein.) Fr.

말징버섯속 주름버섯과 주름버섯목 주름버섯강 담자균문

어린 자실체(왼쪽)와 외파가 부서져서 포자가 날아간 자실체의 모습(오른쪽 위).

분류 | 말징버섯속(Calvatia) 주름버섯과(Agaricaceae) 주름버섯목(Agaricales) 주름버섯강(Agaricomycetes) 담자균문(Basidiomycota)

형태적 특징 | 말징버섯의 자실체는 지름이 5~8㎝ 정도, 높이는 5~10㎝ 정도이고 구형이다. 외피막은 얇고 연한 황갈색 또는 황토색이며, 내피막은 얇고 황색 또는 연한 적색이다. 내부의 조직은 백색에서 황색의 카스테라와 같으며 포자가 형성되면 갈색으로 변하고 분질상이 된다. 표피는 낡은 스폰지 모양으로 된 조직을 노출시키고, 포자는 비나 바람에 의해 외피가 부서지면 밖으로 노출되어 바람에 날린다. 대는 3~5㎝ 정도이고, 기부 쪽이 가늘며 황갈색을 띤다. 포자는 연한 갈색이며, 포자 모양은 구형이다.

얇은 황갈색의 외피막.

발생 시기 및 장소 | 여름부터 가을에 걸쳐 낙엽 위나 부식질이 많은 땅 위에 홀로 나거나 무리지어 발생하며, 부생생활을 한다.

부식질이 많은 토양에 발생한 모습.

망태말뚝버섯
Phallus indusiatus Vent.

말뚝버섯속　말뚝버섯과　말뚝버섯목　주름버섯강　담자균문

대나무 숲에서 발생한 모습.

분류 | 말뚝버섯속(Phallus) 말뚝버섯과(Phallaceae) 말뚝버섯목(Phallales) 주름버섯강(Agaricomycetes) 담자균문(Basidiomycota)

형태적 특징 | 어린 알은 일반적으로 백색이지만 문지르면 엷은 적자색을 띠는 것도있으며, 난형 또는 구형이고, 반지중생이다. 이것을 세로로 자르면 대와 갓, 그리고 갓과 대 사이에 백색의 그물치마(indusium)의 초기 형태가 있다. 자실체의 갓 표면에는 짙은 녹갈색의 기본체가 있으며, 그 외부는 엷은 황색의 두꺼운 젤라틴층이 있고, 외부는 백색의 막질인 외피막으로 둘러싸여 있다. 기부에는 뿌리 모양의 균사속(rhizoid)이 있으며, 대나무의 잎, 뿌리 또는 넘어진 대나무에 뻗어 있다. 성숙하면 외피막의 정단 부위가 갈라지며, 원통상의 대가 위로 빠르게 신장된다. 대의 속은 비어 있으며, 표면은 백색으로 무수한 홈이 있고, 잘 부서진다. 대의 상단부에는 머리 모양의 갓이 있다. 갓은 원추상 종형이며, 표면은 백색 또는 엷은 황색을 띠고, 망목상의 융

어린 알을 자른 단면.

어린 알의 모습.

기가 있으며, 짙은 녹갈색의 점액인 기본체가 덮여 있고 그 속에 포자를 형성하며, 악취가 심하다. 정단부는 백색의 돌기가 있으며, 속은 뚫려 대 기부까지 관통되어 있다. 갓과 대 사이에서 백색의 그물치마가 빠르게 아래쪽으로 자라며, 대부분 대 기부까지 자란다. 대 기부에는 백색의 두꺼운 대주머니가 있다.

발생 시기 및 장소 | 주로 여름 장마철과 가을에 대나무 숲 내에 무리 지어 발생한다.

먹물버섯

Coprinus comatus (O. F. Müll.) Pers.

먹물버섯속 주름버섯과 주름버섯목 주름버섯강 담자균문

부식질이 많은 풀밭에 자생하고 갓 끝자락부터 변색하기 시작한다.

분류 | 먹물버섯속(Coprinus) 주름버섯과(Agaricaceae) 주름버섯목(Agaricales) 주름버섯강(Agaricomycetes) 담자균문(Basidiomycota)

포자가 성숙하면 액화현상이 일어난다.

형태적 특징 | 먹물버섯의 갓은 지름이 3~5㎝, 높이는 4~10㎝ 정도이고, 처음에는 긴 난형이나 성장하면서 종형으로 되며, 대의 반 이상을 덮고 있다. 표면은 유백색을 띠며 견사상 섬유질이나 성장하면서 연한 갈색의 거친 섬유상 인피로 된다. 조직은 얇고 백색을 띤다. 주름살은 끝붙은주름살형 또는 떨어진주름살형이며, 빽빽하고, 처음에는 백색이나 성장하면서 갈색으로 된 후 흑색으로 변한다. 갓 가장자리부터 액화현상이 일어나서 갓은 없어지고 대만 남는다. 대의 길이는 15~25㎝ 정도로 원통형이며, 위쪽이 조금 가늘며, 속은 비어 있고, 표면은 백색이다. 턱받이는 위아래로 움직일 수 있으며, 기부는 원추상으로 부풀어 있다. 포자문은 검은색이며, 포자 모양은 타원형이다.

발생 시기 및 장소 | 봄부터 가을에 걸쳐 정원, 목장, 잔디밭 등 부식질이 많은 땅 위에 무리 지어 흩어져 발생한다.

견사상 섬유질이 있는 어린 자실체.

명아주개떡버섯

Tyromyces sambuceus (Lloyd) Imazeki

개떡버섯속   구멍장이버섯과   구멍장이버섯목   주름버섯강   담자균문

표면은 백색 또는 암갈색이며 부드러운 가죽질이다.

분류 | 개떡버섯속(Tyromyces) 구멍장이버섯과(Polyporaceae) 구멍장이버섯목(Polyporales) 주름버섯강(Agaricomycetes) 담자균문(Basidiomycota)

갓은 반원형이며 가죽질의 버섯이다.

갓 표면은 딱딱하고 대가 없다.

형태적 특징 | 명아주개떡버섯의 갓은 지름 10~30㎝, 두께 1~5㎝ 정도이며, 반원형 또는 편평형이다. 표면은 백색 또는 암갈색이고, 조직은 백색이며, 부드러운 가죽질이다. 대는 없고 기주에 붙어 생활한다. 관공은 0.2~1.5㎝ 정도이며, 갓과 같은 색이고, 관공구는 0.1㎝ 이하로 부정형 또는 다각형이며, 미세하다. 포자문은 백색이고, 포자 모양은 타원형이다.

발생 시기 및 장소 | 봄부터 여름까지 활엽수의 고목에 발생하며, 부생생활을 한다.

고목에 발생한 모습.

목이

Auricularia auricula-judae (Bull.) Quél.

| 목이속 | 목이과 | 목이목 | 주름버섯강 | 담자균문 |

젤라틴의 귀 모양 자실체.

분류 | 목이속(Auricularia) 목이과(Auriculariaceae) 목이목(Auriculariales) 주름버섯강(Agaricomycetes) 담자균문(Basidiomycota)

형태적 특징 | 목이의 크기는 2
~10㎝ 정도이고, 주발 모양
또는 귀 모양 등 다양하며, 젤
라틴질이다. 갓 윗면(비자실층)
은 약간 주름져 있거나 파상
형이며, 미세한 털이 있다. 색
상은 홍갈색 또는 황갈색을 띠

홍갈색 또는 황갈색의 갓.

며, 노후되면 거의 검은색으로 된다. 갓 아랫면(자실층)은 매끄럽거나 불규칙한 간맥이 있고, 황갈색 또는 갈색을 띤다. 조직은 습할 때 젤라틴질이며, 유연하고 탄력성이 있으나, 건조하면 수축하여 굳어지며, 각질화된다. 자실체는 건조된 상태로 물속에 담그면 원상태로 되살아난다. 포자문은 백색이고, 포자 모양은 콩팥형이다.

발생 시기 및 장소 | 봄부터 가을 사이에 활엽수의 고목, 죽은 가지에 무리 지어 발생한다.

자실층에는 불규칙한 간맥이 있다.

무리 지어 발생하는 자실체.

민자주방망이버섯

Lepista nuda (Bull.) Cooke

자주방망이버섯속　송이과　주름버섯목　주름버섯강　담자균문

반반구형의 초기 자실체.

분류 | 자주방망이버섯속(Lepista) 송이과(Tricholomataceae) 주름버섯목 (Agaricales) 주름버섯강(Agaricomycetes) 담자균문(Basidiomycota)

자색 또는 보라청색을 띤다.

형태적 특징 | 갓은 크기가 45~142㎜로 성장 초기에는 반구형 또는 반반구형이고 갓 끝은 안쪽으로 굽어 있으나, 성장하면 편평상 반반구형 또는 편평형으로 펴진다. 표면은 평활하고 흡습성이며, 자색 또는 보라청색을 띠나 성숙하면 퇴색하여 갈자색, 갈색 또는 갈황색으로 된다. 조직은 두껍고 부드러우며 육질형이고, 잘 부서지며, 옅은 자색을 띤다. 맛과 냄새는 부드럽다. 주름살은 대에 홈주름살로 빽빽하며, 주름살날은 평활하고, 초기에는 자색을 띠나 성장하면 옅은 황색 또는 옅은 황자색으로 된다. 대는 크기가 35~89×8~22㎜로 원통형이고, 상하 굵기가 같거나, 하부 쪽이 굵어져 곤봉형을 이루며, 기부는 종종 약간 팽대하여 괴근상을 이루기도 한다. 표면은 종으로 섬유질선이 있고, 자색을 띠지만 성장하면 퇴색하여 옅은 갈색 또는 유백색이 된다. 속은 차 있고, 자색을 띤다. 포자문은 분홍색이

주름살은 자색에서 황색으로 차차 변한다.

고, 포자는 크기가 5.6~7.2×3.3~ 4.5㎛이고 모양은 타원형이며, 표면에는 미세한 돌기가 있고, 멜저용액에서 비아밀로이드이다. 담자기는 크기가 23.4~33.6×6.5~8.6㎛로 4-포자형이며, 기부에 협구가 있다. 시스티디아는 없다. 자실층 조

무리 지어 발생한 모습.

직은 평행균사로 구성되어 있다. 갓 표피상층은 폭이 2.4~5.7 ㎛인 균사로 구성되어 있으며 종종 분지가 있고, 격막에 협구가 있다.

발생 시기 및 장소 | 주로 여름부터 가을에 걸쳐 혼합림 내의 지상이나 목장 또는 정원에 소수 무리 지어, 또는 홀로 발생한다.

혼합림 내의 지상, 목장 또는 정원에서 발생한다.

밀애기버섯

Collybia confluens (Pers.) P. Kumm.

애기버섯속   송이과   주름버섯목   주름버섯강   담자균문

대 표면에는 면모상 털이 밀포되어 있다.

분류 | 애기버섯속(Collybia) 송이과(Tricholomataceae) 주름버섯목(Agaricales) 주름버섯강(Agaricomycetes) 담자균문(Basidiomycota)

형태적 특징 | 밀애기버섯 갓의 지름은 0.8~3㎝ 정도이며, 초기에는 반반구형이나 성장하면서 편평형이 되고, 종종 끝이 위로 반전된다. 중앙 부위는 배꼽 모양으로 들어가거나 돌출되는 경우도 있다. 표면은 매끄러우며, 적갈색으로 다소

중앙부가 배꼽 모양으로 들어가고 적갈색을 띠는 갓.

주름져 있고, 성장하면서 옅은 황갈색 또는 거의 백색으로 퇴색된다. 이때 중앙 부분은 암색으로 주변보다 짙다. 주름살은 대에 끝붙은주름살형이며, 좁고 빽빽하며, 분홍백색을 띤다. 대의 길이는 3~5㎝ 정도, 원통형이며, 위아래 굵기가 비슷하고, 종종 편압되어 있다. 속은 차 있으나 점차 빈다. 포자문은 백색 또는 옅은 황색이며, 포자 모양은 긴 타원형이다.

발생 시기 및 장소 | 여름에서 가을에 걸쳐 혼합림 내 낙엽 위에 무리 지어 발생한다.

낙엽에 무리 지어 발생하는 모습.

배젖버섯
Lactarius volemus (Fr.) Fr.

젖버섯속   무당버섯과   무당버섯목   주름버섯강   담자균문

황갈색의 융단상 털이 밀포된 자실체와 우윳빛의 유액.

분류 | 젖버섯속(Lactarius) 무당버섯과(Russulaceae) 무당버섯목(Russulales) 주름버섯강(Agaricomycetes) 담자균문(Basidiomycota)

형태적 특징 | 배젖버섯의 갓은 지름이 5~12㎝ 정도이며, 처음에는 반반구형이며 갓 끝이 안쪽으로 굽어 있으나 성장하면서 갓 끝이 펴지고 중앙이 들어간 깔때기 모양이 된다. 갓 표면은 매끄럽거나 가루

백색의 주름살과 상처를 입으면 나오는 유액.

같은 것이 있으며, 황갈색을 띤다. 조직은 백색이나 상처를 입으면 백색의 유액이 나오고 후에 갈색으로 변한다. 주름살은 내린주름살형이며 다소 빽빽하고, 백색 또는 연한 황색이고, 상처를 입으면 백색의 유액이 다량 분비되며, 후에 갈색으로 변한다. 대의 길이는 3~10㎝ 정도이고, 원통형으로 아래쪽이 가늘다. 유액의 맛은 자극적이지 않다. 대의 표면은 갓과 같은 색을 띤다. 포자문은 백색이고, 포자 모양은 구형이며 표면에 망목이 있다.

발생 시기 및 장소 | 여름부터 가을에 걸쳐 활엽수림의 땅 위에 홀로 또는 무리 지어 발생하며 나무뿌리와 공생하는 균근성 버섯이다.

버터철쭉버섯
Rhodocollybia butyracea (Bull.) Lennox

철쭉버섯속 낙엽버섯과 주름버섯목 주름버섯강 담자균문

매끄러운 갓은 버터와 같은 느낌이며 성장하면 갓 끝이 올라간다.

분류 | 철쭉버섯속(Rhodocollybia) 낙엽버섯과(Marasmiaceae) 주름버섯목 (Agaricales) 주름버섯강(Agaricomycetes) 담자균문(Basidiomycota)

형태적 특징 | 버터철쭉버섯 갓의 지름은 3~6㎝ 정도이며, 초기에는 반반구형이고 끝은 안쪽으로 굽어 있으나 성장하면서 끝이 점차 편평하게 되고 중앙 부위는 약간 볼록하다. 표면은 매끄럽고 암적갈색 또는 연한 황토색을 띠며, 버터 표면과 같은

대 기부에는 백색의 털이 있다.

느낌을 준다. 조직은 얇고 유백색이나 갓 표피하층은 연한 갈색을 띠며, 맛은 부드럽고 냄새는 불분명하다. 주름살은 대에 끝

성장하여 갓 끝이 올라간 모습.

아래쪽으로 갈수록 굵어지는 대.

붙은주름살형이며, 빽빽하고, 초기에는 백색이나 성장하면 적갈색의 얼룩이 생기며, 주름살 끝은 평활하다. 대의 길이는 2~7㎝, 굵기는 0.2~0.5㎝ 정도이며, 기부와 부착된 부분이 약간 굵고, 백색의 털이 나 있다. 포자문은 연한 황색이며, 포자 모양은 타원형이다.

낙엽을 분해하며 자란다.

발생 시기 및 장소 | 여름에서 가을까지 침엽수림이 많은 숲 속 낙엽 위에 무리 지어 발생하는 낙엽분해성 버섯이다.

분홍느타리

Pleurotus djamor (Rumph. ex Fr.) Boedijn

목이속　목이과　목이목　주름버섯강　담자균문

옅은 분홍색의 자실체.

분류 | 느타리속(Pleurotus) 느타리과(Pleurotaceae) 주름버섯목(Agaricales) 주름버섯강(Agaricomycetes) 담자균문(Basidiomycota)

부채형의 아름다운 갓.

형태적 특징 | 갓은 크기가 2.5～14㎜로 성장 초기에는 반반구형이고, 갓 끝 부위는 안쪽으로 말려 있으나 성장하면 점차 펼쳐져 부채형 또는 조개형이 되며, 끝 부위는 다소 파상의 굴곡이 있다. 표면은 평활하거나 다소 면모상이고, 어리고 신선할 때에는 아름다운 분홍색을 띠나 성장하면 퇴색한다. 조직은 옅은 분홍색을 띠며 탄력성이 있고, 특히 대 기부 쪽은 질기고 탄력성이 강하다. 다소 밀가루 냄새가 있다. 주름살은 대에 긴 내린주름살이고, 다소 빽빽하며, 선명한 분홍색을 띤다. 주름살날은 평활하다. 대는 8～30×4.5～15㎜로 주로 측생이고, 기부는 종종 백색 균사로 덮여 있으며, 대부분 대의 발육이 저조하여 버섯 전체의 모양이 주걱 또는 조개형이다. 포자는 크기가 6.4～10.6×3.2～4.7㎛로 원통형이다. 포자벽은 얇고 무색이며 비아밀

주걱 또는 조개형의 자실체.

빽빽한 긴 내린주름살.

로이드이다. 포자문은 분홍색이다. 담자기는 크기가 18.5~21×5.6~6.4㎛로 곤봉형이며 4-포자형이고, 기부에 협구가 있다. 날시스티디아는 크기가 18.8~35×5.6~11.8㎛로 유곤봉형 또는 곤봉상 원통형으로 정단 부위가 가늘고 뾰족하게 늘어났으며,

성장함에 따라 퇴색된 모습.

종종 기름방울이 정단부에 있다. 세포벽은 얇고 무색이다. 자실층 조직은 균사가 두껍고, 균사조직은 제1균사형이나 성장하면 자실체의 조직은 섬유질화되어 매우 질긴 편이다.

발생 시기 및 장소 | 여름부터 가을에 버드나무, 포플러 등 활엽수의 그루터기 또는 고사목에 다수 무리 지어 발생한다.

활엽수의 그루터기에 무리 지어 발생하는 모습.

붉은덕다리버섯
Laetiporus miniatus (Jungh.) Overeem

덕다리버섯속　잔나비버섯과　구멍장이버섯목　주름버섯강　담자균문

선홍색 또는 황적색의 부채형 자실체 모습.

분류 | 덕다리버섯속(Laetiporus) 잔나비버섯과(Fomitopsidaceae) 구멍장이버섯목(Polyporales) 주름버섯강(Agaricomycetes) 담자균문(Basidiomycota)

형태적 특징 | 붉은덕다리버섯의 갓은 지름이 5~20㎝, 두께가 1~3㎝ 정도이며, 부채형 또는 반원형이다. 표면은 선홍색 또는 황적색이나, 마르면 백색으로 된다. 갓은 성장하면서 여러 개가 겹쳐서 난다. 갓 둘레는 파상형

갓 둘레는 파상형이다.

또는 갈라진 형이다. 조직은 초기에는 갓 표면과 같은 색을 띠며 탄력성이 있고 유연하나, 성숙하면 점차 퇴색하여 백색으로 되며, 잘 부서진다. 자실층은 관공형이며, 관공은 길이가 0.2~1㎝ 정도이며 황갈색이다. 관공구는 작으면서 원형이다. 대는 없으며, 갓의 측면 일부가 직접 기주에 부착되어 있다. 포자문은 백색이며, 포자 모양은 타원형이다.

발생 시기 및 장소 | 봄부터 여름에 걸쳐 활엽수의 생목이나 고목 그루터기에 발생하며, 목재를 썩히는 부후 생활을 한다.

활엽수에 발생한 모습.

뽕나무버섯

Armillaria mellea (Vahl) P. Kumm.

뽕나무버섯속　뽕나무버섯과　주름버섯목　주름버섯강　담자균문

백황색의 막질로 이루어진 턱받이와 방사상의 줄무늬.

분류 | 뽕나무버섯속(Armillaria) 뽕나무버섯과(Physalacriaceae) 주름버섯목(Agaricales) 주름버섯강(Agaricomycetes) 담자균문(Basidiomycota)

형태적 특징 | 뽕나무버섯의 갓은 지름이 3~15㎝ 정도로 처음에는 평반구형이나 성장하면서 편평형이 된다. 갓 표면은 연한 갈색 또는 황갈색이며, 중앙부에 진한 갈색의 미세한 인편이 나 있고, 갓 둘레에는 방사상의 줄무늬가 있

연한 갈색의 내린주름살.

다. 주름살은 내린주름살형이며, 약간 성글고, 처음에는 백색이나 성장하면서 연한 갈색의 상흔이 나타난다. 대의 길이는 4~15㎝ 정도, 섬유질이며, 아래쪽이 약간 굵다. 표면은 황갈색을 띠며 아래쪽은 검은 갈색이다. 턱받이는 백황색의 막질로 이루어져 있다. 포자문은 백색이며, 포자 모양은 타원형이다.

발생 시기 및 장소 | 봄부터 늦은 가을까지 활엽수, 침엽수의 생나무 그루터기, 죽은 가지 등에 뭉쳐서 발생하는 활물기생성 버섯이다.

대의 표면은 황갈색이고 기부 쪽은 검은 갈색이다.

갓 중앙부에는 갈색의 인편이 있다.

뽕나무버섯부치

Armillaria tabescens (Scop.) Singer

뽕나무버섯속   뽕나무버섯과   주름버섯목   주름버섯강   담자균문

황토색을 띠는 갓 표면.

분류 | 뽕나무버섯속(Armillaria) **뽕나무버섯과**(Physalacriaceae) **주름버섯목**(Agaricales) **주름버섯강**(Agaricomycetes) 담자균문(Basidiomycota)

형태적 특징 | 갓은 크기가 25 ~54㎜로 초기에는 반구형 또는 반반구형이나, 성장하면 편평하게 되거나 중앙오목편평형으로 된다. 표면은 옅은 황토색 또는 옅은 황색 또는 옅은 갈황색을 띠며, 중앙 부위에는 미세한 섬유상 인편이 밀집하여 있고, 주변부에는 방사상의 선이

다발성의 자실체.

있다. 주름살은 대에 완전붙은주름살 또는 짧은 내린주름살이며, 약간 성글다. 초기에는 유백색 또는 황백색이나 후에 갈색의 얼룩이 지며, 주름살날은 평활하다. 대는 크기가 45~105×4~10㎜로 원통형이며 상하 굵기가 비슷하고, 종종 다소 비틀려 있다. 표면은 건성이며 종으로 섬유질이 있고, 갓과 같은 옅은 황토색 또는 옅은 황색을 띠나 하부 쪽은 점차 갈색으로 된다. 대 기부에 균사속을 형성한다. 턱받이는 없다. 포자문은 백색 또는 옅은 황색이며, 포자는 크기가 6.2~7.6×4.6~5.6㎛로 모양은 넓은 타원형이고 평활하며 멜저용액에서 비아밀로이드이다. 담자기는 4-포자형이나 드물게는 2-포자형도 있으며, 기부에 협구가 있다. 날시스티디아와 측시스티디아는 없다.

주름살은 짧은 내린주름살이다.

갓 표피상층은 세포벽이 얇고, 무색인 원통형 세포로 구성되어 있다.

발생 시기 및 장소 | 여름부터 가을에 광엽수의 고사목, 그루터기 또는 생목의 뿌리 주위에 무리 지어, 또는 뭉쳐서 발생한다.

뿔나팔버섯

Craterellus cornucopioides (L. : Fr.) Pers.

뿔나팔버섯속　꾀꼬리버섯과　꾀꼬리버섯목　주름버섯강　담자균문

갓 표면에 흑갈색 인피가 있는 모습.

분류 | 뿔나팔버섯속(Craterellus) 꾀꼬리버섯과(Cantharellaceae) 꾀꼬리버섯목(Cantharellales) 주름버섯강(Agaricomycetes) 담자균문(Basidiomycota)

혼합림 내 토양에 발생한 모습.

형태적 특징 | 뿔나팔버섯 갓의 지름은 1~5㎝ 정도이며, 전체 길이는 5~10㎝ 정도로 나팔꽃형이다. 갓 표면은 흑갈색 또는 흑색이고, 비듬상의 인피가 덮여 있다. 갓 끝은 파도형이고, 조직은 얇고 질기다. 자실층은 기복이 심한 주름상이며, 긴 내린형이고, 회색이다. 대의 길이는 3~4㎝ 정도이며, 중심부는 기부까지 뚫려 있다. 표면은 회백색이다. 포자문은 백색이며, 포자 모양은 타원형이다.

발생 시기 및 장소 | 여름부터 가을까지 혼합림 내 부식질이 많은 토양에서 무리 지어 나거나 홀로 발생한다.

중심부의 구멍은 기부까지 뚫려 있다.

나팔 모양을 하는 자실체.

색시졸각버섯
Laccaria vinaceoavellanea Hongo

먹물버섯속　주름버섯과　주름버섯목　주름버섯강　담자균문

성숙하면 갓 끝이 올라가 깔대기형을 이루며 갓 가장자리에 방사상 주름선이 있다.

분류 | 졸각버섯속(Laccaria) 졸각버섯과(Hydnangiaceae) 주름버섯목 (Agaricales) 주름버섯강(Agaricomycetes) 담자균문(Basidiomycota)

중앙부가 들어간 형태의 갓.

갓과 같은 색을 띤 성근 주름살.

형태적 특징 | 색시졸각버섯의 갓은 지름이 3~8㎝ 정도로 처음에는 중앙오목반반구형이나 성장하면서 중앙오목편평형으로 된다. 갓 표면은 매끄럽거나 종종 중앙 부위에 비듬상 인편이 있으며, 습할 때 반투명선이 있고, 갓 주변에는 방사상의 주름선이 있으며, 옅은 황갈색이다. 조직은 얇고 탄력성이 있으며, 옅은 살색을 띤다. 주름살은 대에 짧은 내린주름살형이며, 성글고, 갓과 같은 색을 띠며, 주름살 끝은 매끄럽다. 대의 길이는 4~9㎝ 정도로, 원통형이며, 위아래 굵기가 비슷하거나 아래쪽이 굵고, 종종 비틀려 있다.

아래쪽이 굵은 대.

대 표면은 건성이고, 세로로 섬유질의 선이 있고, 갓과 같은 살색을 띠며, 기부는 다소 유백색을 띠고, 탄력성이 있고, 속은 차 있다. 포자문은 백색이며, 포자 모양은 구형이다.

대는 비틀려 있고 섬유상의 세로선이 있다.

발생 시기 및 장소 | 여름부터 가을에 걸쳐 혼합림 내의 땅 위에 홀로 또는 무리 지어 발생한다.

습할 때 반투명선이 보이는 갓 표면.

양송이
Agaricus bisporus Hongo

주름버섯속　주름버섯과　주름버섯목　주름버섯강　담자균문

갈색의 섬유상 인편이 나타나는 갓 표면.

분류 | 주름버섯속(Agaricus)　주름버섯과(Agaricaceae)　주름버섯목(Agaricales)
주름버섯강(Agaricomycetes)　담자균문(Basidiomycota)

형태적 특징 | 갓의 크기는 35~120 ㎜이며 초기에는 반반구형 또는 구형이나 성장하면 반반구형, 중앙볼록편평형 또는 편평형이 되고, 표면은 백색 또는 담황갈색으로 초기에는 평활하나 점차 백색 또는 갈색의 섬유상 인편이 나타난다. 조

두껍고 육질형인 백색의 갓 조직.

직은 두껍고 육질형이며, 백색이나, 상처를 받으면 담홍색으로 변한다. 맛은 부드럽고, 일반적인 버섯 향기가 있다. 주름살은 떨어진주름살이며 빽빽하고, 초기에는 백색이나 점차 담홍색으로 되며, 완전 성숙하면 갈색 또는 암자갈색이 된다. 주름살 날은 백색이고, 평활하다. 대의 크기는 35~75×6~21㎜로 상하 굵기가 비슷하거나 기부 쪽이 다소 굵거나 팽대해 있다. 표면은 백색이고, 턱받이 상부는 섬세한 섬유질 또는 미세한 섬유상 인피가 있고, 초기에는 백색이지만 성장하면 회갈색의 섬유질 인피가 있다. 대 상부에 백색의 막질로 된 턱받이가 있으며, 상부는 방사상으로 홈선이 있다. 포자문은 암자갈색이며, 포자의 크기는 6.5~9×4.5~6.5㎛로 광타원형이고,

섬세한 섬유질 인피가 있는 턱받이.

표면은 평활하며, 포자벽은 두껍다. 담자기의 크기는 18.5~24×7~8.2㎛로 일반적으로 2-포자형이다. 날시스티디아의 크기는 25~38.5×6.4~14㎛로 곤봉형 또는 원통상 곤봉형이고, 세포벽은 얇으며, 무색이다. 측시스티디아는 없다. 갓 표피상층은 폭이 4~10㎛로 갓 표면과 평행인 원통형 균사로 구성되어 있으며, 황색의 색소가 있고 균사에 협구가 없다.

발생 시기 및 장소 | 여름에서 가을에 걸쳐 잔디밭 또는 퇴비 더미 주위 등 부식질이 많은 곳에 무리 지어 또는 뭉쳐서 발생한다.

잔디밭에 발생한 모습.

요강주발버섯

Peziza vesiculosa Bull

주발버섯속 주발버섯과 주발버섯목 주발버섯강 자낭균문

주발형 또는 찻잔형의 불규칙한 자실체.

분류 | 주발버섯속(Peziza) 주발버섯과(Pezizaceae) 주발버섯목(Pezizales) 주발버섯강(Pezizomycetes) 자낭균문(Ascomycota)

컵 안에서 자낭포자가 형성됨.

형태적 특징 | 자실체는 크기가 42~89㎜로 초기에는 방광형 또는 난형이나, 점차 상단 부위가 갈라져, 주발형, 또는 찻잔형 등을 이룬다. 종종 불규칙하게 일그러진 것도 있으나 접시 모양으로 편평하게 퍼지지는 않는다. 끝 부위는 대부분 안쪽으로 굽어 있으며, 불규칙하게 갈라져 있다. 자실층은 윗면 안쪽에 있으며 평활하고, 밝은 황토갈색을 띤다. 바깥쪽은 평활하거나 비듬상 돌기가 있으며 황토색, 어두운 황토색 또는 황토백색을 띤다. 조직은 얇고 잘 부서지며, 표면과 거의 같거나 옅은 색이다. 맛과 향기는 불분명하다. 자낭포자는 크기가 17.4~21.6

불규칙하게 일그러진 갓.

안쪽으로 굽어있는 갓 끝부분.

×8.8~11.8㎛로 타원형이며, 표면은 평활하고, 무색이다. 자낭은 크기가 325~5,368×16.5~22.6㎛로 자낭 안에 8-포자를 내생하며, 정단부는 멜저용액에서 아밀로이드이다. 자실층사는 긴 원통형이고, 정단 부위는 약간 유구형으로 팽대하여 있으며, 격막이 있다. 격막이 있는 곳은 약간 잘록하다.

발생 시기 및 장소 | 초여름에서 가을에 걸쳐 퇴비 더미 주위, 우분 또는 마분이 있는 주위 또는 양송이 재배장에 소수가 다발로, 또는 무리 지어 발생한다.

자주졸각버섯
Laccaria amethystea

졸각버섯속　졸각버섯과　주름버섯목　주름버섯강　담자균문

습할 때 짙은 자색을 띠는 갓.

분류 | 졸각버섯속(Laccaria) 졸각버섯과(Hydnangiaceae) 주름버섯목(Agaricales) 주름버섯강(Agaricomycetes) 담자균문(Basidiomycota)

형태적 특징ㅣ갓은 15~36㎜이고 성장 초기에 반반구형이고 갓 끝은 위쪽으로 굽어 있으나 성장하면서 갓 끝이 펴져 편평하게 되거나 중앙오목편평형이 된다. 갓 끝이 종종 위로 반전되고 드물게는 파상으로 굴곡이 진다. 표면은 초기 또는 습할 때는 짙은 자색이고, 건조 시 퇴색하여 옅은 회갈색을

파상으로 굴곡이 진 갓 끝.

띤다. 조직은 얇고, 섬유상 육질형이며 다소 탄력성이 있고, 옅은 보라색을 띤다. 맛과 향기는 부드럽다. 주름살은 대에 끝붙은주름살 또는 짧은 내린주름살로 두껍고 성글며, 자색을 띤다. 주름살 사이에는 간맥이 있고 주름살날은 평활하지 않다. 대는 23~57×2~4㎜이고 원통형이며 대부분 구부러져 있고 상하 굵기가 같거나 종종 상부 쪽이 굵다. 표면은 갓과 같은 색이거

두껍고 성긴 주름살.

구부러져 있는 대.

대에 끝붙은주름살은 자색을 띤다.

나 약간 적자갈색 또는 엷은 보라색 바탕에 종으로 흰색의 섬유질이 있고, 탄력성이 있으며, 기부 쪽은 유백색이다. 포자문은 백색이고 포자는 7.5~9.9×7.1~9.2㎛이며 유구형이고 표면에는 침상 돌기가 밀포되어 있고 멜저용액에서 비아밀로이드이다. 담자기는 37.5~40.7×8.4~10.5㎛이고 4-포자형이며 기부에 협구가 있다. 날시스티디아는 실 모양(filiform)으로 굽어 있거나 풍선형(vesicular)이다.

발생 시기 및 장소 | 여름에서 가을에 걸쳐 혼합림 내의 지상 또는 도로변에 무리 지어 발생하는 외생균근형성균이다.

잿빛만가닥버섯
Lyophyllum decastes (Fr.) Singer

만가닥버섯속 만가닥버섯과 주름버섯목 주름버섯강 담자균문

중앙이 약간 오목하고 끝부분에 굴곡이 진다.

분류 | 만가닥버섯속(Lyophyllum) 만가닥버섯과(Lyophyllaceae) 주름버섯목(Agaricales) 주름버섯강(Agaricomycetes) 담자균문(Basidiomycota)

짧은 내린주름살이며 빽빽하다.

형태적 특징 | 자실체는 송이형 또는 애기버섯형으로 갓의 크기는 35~85㎜이다. 모양은 초기에 반구형 또는 반반구형이고, 갓 끝은 안쪽으로 말려 있으나 성장하면 거의 편평하게 펴지며, 종종 중앙이 약간 볼록하거나 드물게는 중앙이 약간 오목하고, 끝 부위는 다소 파상으로 굴곡이 있다. 표면은 평활하고, 회갈색 또는 암올리브 갈색을 띠나 점차 옅은 회갈색으로 된다. 조직은 중앙 부위가 두껍고 갓의 끝쪽으로는 얇으며, 육질형 또는 섬유상 육질형으로 탄력성이 있고, 백색 또는 옅은 회색이다. 맛은 부드럽고, 향기는 불분명하다. 주름살은 대에 완전붙은주름살이거나 짧은 내린주름살이고, 빽빽하다. 주름살날은 평활하고, 성장 초기에는 유백색이다. 대는 34~75×4~9㎜로 원통형이고, 상하 굵기가 같거나 기부가 약간 굵으며, 종종 약간 뒤틀려 있고, 드물게는 갓에 편심형으로 부착되어 있다. 표면은 평활하며, 종으로 섬유질이 있고, 상부에는 백색의 분질이 있으며, 초기에는 백색, 백회색 또는 옅은 회갈색을 띠고, 탄력성이 있다. 포자문은 백색이고, 포자는 크기가 5.4~7.2×4.8~6.8㎛로 모양은 구형 또는 유구형이며, 표면은

평활하고, 멜저용액에서 비아밀로이드이다. 담자기는 크기가 30.5~45.7×7.5~9.4㎛로 4-포자형이며, 기부에 협구가 있고, siderophilous 입자가 있다. 자실층 조직은 평행균사형으로 구성되어 있다. 시스티디아는 없다. 갓 표피상층은 폭이

생장 초기의 유백색인 주름살 모습.

3.6~10.3㎛인 평행균사로 구성되어 있으며, 갈색 색소가 있고, 균사의 격막에 협구가 있다.

발생 시기 및 장소 | 이른 봄 또는 늦가을에 참나무림, 침엽수림 내의 지상 또는 도로변, 정원, 화전지에 다수 무리 지어 발생한다.

숲 속 지상에 군생하는 모습.

거의 편평하게 펴진 생장한 자실체.

적갈색애주름버섯

Mycena haematopus (Pers.) P. Kumm.

애주름버섯속　애주름버섯과　주름버섯목　주름버섯강　담자균문

갓에 있는 유두상 돌기.

분류 | 애주름버섯속(Mycena) 애주름버섯과(Mycenaceae) 주름버섯목 (Agaricales) 주름버섯강(Agaricomycetes) 담자균문(Basidiomycota)

형태적 특징 | 갓은 크기가 8~35㎜이고 초기에는 반구형이나 점차 종형 또는 원추상 종형으로 되며, 갓 중앙 부위에 종종 유두상 돌기가 있다. 표면은 건성이고 평활하며, 갈분홍색, 분홍갈색, 담적자색 또는 적갈색을 띠고, 중앙 부위는 짙은

분홍크림색의 빽빽한 주름살.

색을 띠며, 습할 때 반투명선이 갓 길이의 1/2~2/3까지 있다. 갓 끝은 거치상 또는 치아상(내피막의 잔유물)이나 쉽게 탈락한다. 조직은 육질상 섬유질이며, 비교적 얇고 단단하며, 적갈색이다. 향기는 특별하지 않거나 곰팡이 냄새가 나고 맛은 비교적 부드럽다. 주름살은 홈내린주름살 또는 홈주름살이고 약간 빽빽하며, 비교적 좁으며, 초기에는 유백색 또는 맑은 분홍크림색이나 성장 후에는 육색 또는 담적자색을 띠고, 상처를 입으면 암색의 반점이 생긴다. 긴주름살은 23~26, 짧은 주름살은 3-형이고, 주름살 사이에 간맥은 불분명하며, 주름살날은 평활하다. 대는 크기가 25~65×1.5~3.5㎜로

나무 둥치에 발생한 모습.

원통형이고, 상하 굵기가 비슷하며, 대 기부는 나뭇가지나 목재에 융착되어 있다. 표면은 건성이고, 평활하며, 상부에 종종 분질이 있고, 담분홍갈색 갓과 동색이며, 상처를 입으면 암갈적색의 유액이 나오고, 시간이 지나면 암색의 얼룩이 진다. 속은 비어 있다. 포자는 크기가 6.8~9.5×5~6.1㎛로 타원형이거나 원통상 타원형이다. 표면은 평활하며, 무색이고, 멜저용액에서 아밀로이드이다. 포자문은 담황백색이다. 담자기는 크기가 26.5~34.6×5.4~7.2㎛로 곤봉형이며, 대부분 4-포자형이나 드물게는 2-포자형도 있다. 기부에는 협구가 있다. 날시스티디아는 크기가 51.4~76.3×8.7~18.3㎛로 방추형 또는 방추상 편복형이고, 세포벽은 얇으며, 무색이다. 측시스티디아는 날시스티디아와 모양과 크기가 비슷하며, 주름살 기저부 쪽에 많이 보인다. 자실층 조직은 평행형이고, 위아밀로이드이다. 갓 표피상층은 폭이 1.5~3㎛인 평행균사로 구성되어 있으

숲 속에서 자라는 모습.

무리 지어 발생한 모습.

며, 크고 작은 손가락 모양의 돌기의 수직측분지(diverticulate)가 있다. 표피하층은 폭이 6㎛인 균사로 구성되어 있으며, 표면은 평활하고, 갈색 색소가 있으며, 다소 젤라틴질이고, 격막에 협구가 있다. 대 정단 부위에 말단세포는 자실층형 세포로 다발성이며 수직측분지균사가 사이에 산재해 있으며, 세포벽은 얇고, 무색이다.

발생 시기 및 장소 | 늦은 봄, 여름에서 가을까지 주로 활엽수의 나무토막 둥치, 가지, 낙지 위에 무리 지어, 또는 모여서 발생한다.

족제비눈물버섯

Psathyrella candolleana (Fr.) Maire

애주름버섯속 애주름버섯과 주름버섯목 주름버섯강 담자균문

점차 회색을 띠는 주름살과 갓 끝의 내피막 잔여물.

분류 | 눈물버섯속(Psathyrella) 눈물버섯과(Psathyrellaceae) 주름버섯목(Agaricales) 주름버섯강(Agaricomycetes) 담자균문(Basidiomycota)

형태적 특징 | 족제비눈물버섯 갓의 지름은 2~8㎝ 정도이며, 초기에는 유구형이고 갓 끝은 안쪽으로 굽어 있으나 성장하면 편평하게 펴지며, 갓 끝에 내피막 잔유물이 부착되어 있

미세한 섬유질 인피

으나 곧 소실된다. 표면은 담황색이고, 어릴 때 백색의 미세한 섬유질 인피가 있으나 성장하면서 소실된다. 조직은 얇고 잘 부서지며, 갓과 같은 색을 띠며 맛과 향기는 부드럽다. 주름살은 대에 완전붙은주름살형이고, 빽빽하며, 초기에는 백색이나 성장하면서 점차 회색을 띠다가 자흑색이 된다. 대의 길이는 2~7㎝ 정도이며, 기부 쪽이 약간 굵다. 대의 속은 비어 있어 약간의 힘을 주면 딱 소리가 나면서 부러진다. 포자문은 흑색이고, 포자 모양은 타원형이다.

발생 시기 및 장소 | 봄부터 가을까지 숲, 정원, 공원, 활엽수 그루터기 등에 홀로 또는 무리 지어 발생한다.

갓은 쉽게 부서진다.

담황색 갓을 지닌 자실체.

좀벌집구멍장이버섯

Polyporus arcularius (Batsch) Fr.

구멍장이버섯속   구멍장이버섯과   구멍장이버섯목   주름버섯강   담자균문

크림색의 관공과 타원형의 관공구.

분류 | 구멍장이버섯속(Polyporus) 구멍장이버섯과(Polyporaceae) 구멍장이버섯목(Polyporales) 주름버섯강(Agaricomycetes) 담자균문(Basidiomycota)

형태적 특징 | 좀벌집구멍장이 버섯의 갓은 지름이 3~5㎝ 정도이며, 원형 또는 깔때기형이다. 표면은 황백색 또는 연한 갈색이고, 갈라진 작은 인편이 있다. 조직은 백색이며, 부드러운 가죽질이다. 관공은

갓 표면에 작은 인편이 밀포한 모습.

0.1~0.2㎝ 정도이며, 백색 또는 크림색이고, 관공구는 0.1㎝ 이하로 타원형이며, 방사상으로 배열되어 있다. 대의 길이는 1~5㎝ 정도이며, 굵기는 0.2~0.5㎝ 정도로 원주상이며, 질기고, 단단하다. 포자문은 백색이고, 포자 모양은 긴 타원형이다.

발생 시기 및 장소 | 여름부터 가을까지 활엽수의 고목, 부러진 가지, 그루터기 위에 무리 지어 발생하며, 부생생활을 한다. 나뭇가지가 매몰된 땅 위에 무리 지어 발생하기도 한다.

깔대기형의 갓을 가진 자실체.

주름버섯
Agaricus campestris L.

주름버섯속　주름버섯과　주름버섯목　주름버섯강　담자균문

백색의 자실체와 암갈색의 빽빽한 주름살.

분류 | 주름버섯속(Agaricus) 주름버섯과(Agaricaceae) 주름버섯목(Agaricales) 주름버섯강(Agaricomycetes) 담자균문(Basidiomycota)

형태적 특징 | 갓의 크기는 35 ~105㎜이며, 초기에는 구형 또는 반구형이고, 갓 끝은 백색의 얇은 막질 또는 섬유상 면모의 내피막으로 싸여 있으며, 점차 편평하게 펴지거나 다소 중앙볼록 편평형으로 된다. 표면은 백

어린 자실체.

색이지만 후에 담황색을 띠고, 평활하거나 섬유상 인편이 있다. 건조 시에는 견사와 같은 광택이 나며, 조직은 두껍고 육질형이며 백색으로, 상처를 적변한다. 맛과 향기는 부드럽다. 주름살은 대에 떨어진주름살이며, 빽빽하다. 초기에는 백색 또는 옅은 분홍색이나 후에 홍색으로 변하고, 완전히 성숙하면 차차 자갈색 또는 암자갈색을 띠게 된다. 주름살날은 분질상이다. 대의 크기는 35~86×4.5~18㎜이고, 상하 굵기가 비슷하거나 상부 쪽이 가늘고 기부가 좁아진다. 표면은 어릴 때 종으로 백색의 섬세한 섬유질이나 면상 섬유질 인피가 있으며, 성장하면 옅은 갈색을 띤다. 대

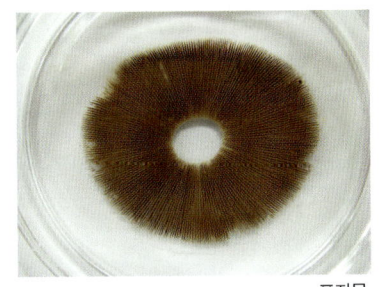

포자문.

131

대 상부의 턱받이.

표면이 신선할 때 문지르면 옅은 홍색을 띤다. 대의 상부에는 백색의 막질 또는 섬유상 면모의 턱받이가 있으나 턱받이 모양이 양호하지 못하며 쉽게 없어진다. 포자문은 자갈색이며, 포자의 크기는 5.6~7.4×3.8~4.7㎛로 타원형 또는 난형이며, 표면은 평활하고 세포벽은 두껍다. 담자기의 크기는 28~34.5×7~9㎛로 4-포자형이며, 기부에 협구가 없다. 날시스티디아와 측시스티디아는 없다. 갓 표피상층은 폭 3~7.6㎛의 갓 표면과 평행으로 원통형 세포로 구성되어 있으며, 균사에 협구가 없다.

발생 시기 및 장소 | 주로 여름부터 가을에 잔디밭과 목장 골프장, 나지 등의 부식질이 많은 곳에 무리 지어 발생한다.

잔디밭에서 발생한 모습.

찹쌀떡버섯
Bovista plumbea Pers.

| 찹쌀떡버섯속 | 주름버섯과 | 주름버섯목 | 주름버섯강 | 담자균문 |

흰색의 소돌기로 밀포된 자실체와 흰색의 조직.

분류 | 찹쌀떡버섯속(Bovista) 주름버섯과(Agaricaceae) 주름버섯목(Agaricales) 주름버섯강(Agaricomycetes) 담자균문(Basidiomycota)

성숙하면 외피가 벗겨진다.

형태적 특징 | 찹쌀떡버섯의 지름은 1~4㎝로 구형이며, 표면은 백색이고, 백색의 소돌기가 부착되어 있다. 성숙하면 연약한 외피가 벗겨지고, 견고한 내피가 나타나며, 표면이 황토색으로 변하고, 상단 부위에 하나의 소공이 생긴다. 하부 쪽은 뿌리 형태의 균사가 토양과 연결되어 있으며, 어떤 것은 종으로 주름살이 있는 것도 있다. 포자 모양은 꼬리가 있는 난형이며, 연한 갈색이다.

발생 시기 및 장소 | 여름부터 가을에 걸쳐 초원이나 공터 등에 무리 지어 발생한다.

포자는 상단부의 소공으로 비산한다.

노숙하면 연황색으로 변한다.

큰갓버섯
Macrolepiota procera (Scop.) Singer

큰갓버섯속 주름버섯과 주름버섯목 주름버섯강 담자균문

잔디밭에서 발생한 자실체.

분류 | 큰갓버섯속(Macrolepiota) 주름버섯과(Agaricaceae) 주름버섯목(Agaricales) 주름버섯강(Agaricomycetes) 담자균문(Basidiomycota)

유기질이 풍부한 곳에 홀로 발생한다.

형태적 특징 | 큰갓버섯의 갓은 지름이 5~30㎝ 정도이며, 처음에는 구형이나 성장하면서 편평해진다. 갓 표면은 건성이고 연한 회갈색 또는 회갈색이며 표피가 갈라지면서 생긴 적갈색의 거친 섬유상 인편이 동심원상으로 덮여 있다. 조직은 두껍고 만지면 스펀지처럼 들어가는 느낌이 있으며, 백색이다. 주름살은 떨어진주름살형이며, 빽빽하고, 백색이나 성장하면서 연한 황색의 흔적이 나타난다. 대는 15~30㎝ 정도로 길며,

흰색의 주름살과 상하로 움직이는 턱받이.

원통형이고, 속은 비어 있다. 표면은 갈색 또는 회갈색이며, 성장하면서 표피가 갈라져 뱀 껍질 모양을 이룬다. 대를 찢으면 세로로 길게 섬유질처럼 찢어지며, 기부는 구근상이다. 턱받이는 반지

건성인 갓 표면에 회갈색의 표피가 갈라진 모습.

형으로 위아래로 움직일 수 있다. 포자문은 백색이며, 포자 모양은 타원형이다.

발생 시기 및 장소 | 여름부터 가을에 걸쳐 풀밭, 목장, 숲 속에 나며, 초식동물의 배설물이나 유기질이 많은 땅 위에 홀로 또는 흩어져 발생한다.

어린 버섯의 갓은 원추형을 이룬다.

털목이

Auricularia polytricha (Mont.) Sacc.

목이속   목이과   목이목   주름버섯강   담자균문

주발 모양, 귀 모양의 젤라틴질 자실체.

분류 | 목이속(Auricularia) 목이과(Auriculariaceae) 목이목(Auriculariales) 주름버섯강(Agaricomycetes) 담자균문(Basidiomycota)

형태적 특징 | 털목이의 크기는 2~8㎝ 정도이고, 주발 모양 또는 귀 모양 등 다양하며, 젤라틴질이다. 갓 윗면(비자실층)은 가운데 또는 일부가 기주에 부착되어 있고, 약간 주름져 있거나 파상형이다. 표면은 회갈색의 거친 털

회갈색의 털로 덮인 자실체.

로 덮여 있으며, 갈색 또는 회갈색을 띠며, 노후되면 거의 흑색으로 된다. 아랫면(자실층)은 매끄럽거나 불규칙한 간맥이 있고, 갈색 또는 흑갈색을 띤다. 조직은 습할 때 젤라틴질이며, 유연하고 탄력성이 있으나 건조하면 수축하여 굳어지며, 각질화된다. 건조된 상태로 물속에 담그면 원상태로 되살아난다. 포자문은 백색이고, 포자 모양은 콩팥형이다.

발생 시기 및 장소 | 봄부터 가을 사이에 활엽수의 고목, 그루터기, 죽은 가지에 무리 지어 발생한다.

고목에 발생한 모습.

팽나무버섯(팽이)
Flammulina velutipes (Curtis) Singer

팽나무버섯속 뽕나무버섯과 주름버섯목 주름버섯강 담자균문

나무 밑동에서 뭉쳐 자라는 모습.

분류 | 팽나무버섯속(Flammulina) 뽕나무버섯과(Physalacriaceae) 주름버섯목(Agaricales) 주름버섯강(Agaricomycetes) 담자균문(Basidiomycota)

형태적 특징 | 갓은 크기가 15~65㎜로 초기에는 모양이 반구형 또는 종상 반구형이나 후에는 반반구형 또는 편평하며, 점성이 현저하고, 황갈색 또는 등황갈색이나 끝 부위는 옅은 색을 띤다. 갓 표피는 잘 벗겨진다. 조직은 두껍

담황색의 자실체.

고, 백색 또는 담황색이며, 부드러운 육질형이다. 맛은 부드럽고, 짙은 버섯 향기가 난다. 주름살은 대에 완전붙은주름살 또는 홈주름살이고, 다소 빽빽하며, 초기에는 백색을 띠지만 성장하면서 점차 옅은 황색 또는 옅은 등황색을 띤다. 주름살 사이에 간맥이 있다. 주름살날은 평활하다. 대의 크기는 20~78×2~8㎜로 원통형이며, 상하의 굵기가 비슷하거나 기부 쪽이 굵고, 드물게는 상부가 넓으며, 종종 편압되어 있다. 표면은 융단상의 모가 있고, 기부 쪽은 섬유상 모가 있으며, 흑갈색 또는 갈흑색을 띠고, 상부 쪽은 황색을 띤다. 속은 차 있으나 성장하면 점차 빈다. 포자문은 흰색이다. 포자는 크기가 4.5~7×3~4.5 ㎛(Breitenbach &Kranzlin, 8~11×3.2~4.5㎛)이며, 모양은 원통상 타원형이고 표면은 평활하며, 무색이고, 멜저용액 반응에서 비

갈색종의 팽나무버섯.

아밀로이드이다. 포자문은 백색이다. 담자기는 크기가 40.5~58×8~12㎛로 곤봉형이나 상부 쪽이 다소 가늘며, 세포벽은 얇고 무색이다. 날시스티디아는 크기가 40.5~60.8×8.5~12.4㎛로 협곤봉형이고, 세포벽은 얇으며, 무색이다. 갓 표피층은 불규칙한 많은 분지가 있는 점막진피(ixocutis)로 구성되어 있으며, 젤라틴질층이 현저하고, 균사에 협구가 있다. 크기가 45~87×5.5~9㎛이고, 세포벽이 다소 두꺼우며, 황색 색소가 있는 갓시스티디아가 산재해 있다. 대시스티디아의 크기는 180~0287×14~19㎛로 원통상 방추형이고, 옅은 갈색을 띠며, 세포벽은 부분적으로 다소 두껍다.

발생 시기 및 장소 | 주로 늦가을과 이른 봄에 뽕나무, 감나무, 아카시아, 포플러 등 활엽수림에서 뭉쳐 나거나 소수 무리 지어 발생한다.

겨울 버섯으로 눈 속에 발생한 모습.

이끼 위에 발생한 모습.

풀버섯

Volvariella volvacea (Bull.) Singer, in Wasser

비단털버섯속 주름버섯과 주름버섯목 주름버섯강 담자균문

퇴비 더미에서 발생한 자실체.

분류 | 비단털버섯속(Volvariella) 난버섯과(Pluteaceae) 주름버섯목(Agaricales) 주름버섯강(Agaricomycetes) 담자균문(Basidiomycota)

어린 알을 반으로 자른 모습.
버섯 모양이 보인다.

형태적 특징 | 자실체는 성장 초기에는 작고 검은 달걀 모양이나, 점차 윗부분이 파열되어 갓과 대가 나타난다. 갓은 크기가 35~150㎜로, 어릴 때는 난형 또는 종형이나 성숙하면 반반구형으로 된다. 표면은 회갈색 또는 흑갈색의 바탕에 흑색의 섬유상 털이 밀포되어 있다. 조직은 유연하고, 백색 또는 회백색이며 빠르게 액화현상이 일어난다. 맛과 향기는 부드럽다. 주름살은 폭이 넓고 편복형이며 떨어진주름살로, 빽빽하며 백색이었다가 후에 육색을 띤다. 주름살날은 다소 분질상이다. 대는 크기가 44~140×3~21㎜로 원통형이며, 상부 쪽이 가늘고 기부 쪽이 굵다. 표면은 백색 또는 담갈색을 띠며 평활하고, 기부는 구근상이며, 흑갈색의 두꺼운 막질로 된 대주머니로 둘러싸여 있

육색을 띠는 분질상의 주름살.

고 대주머니는 꽃잎형이다. 초기에는 속이 차 있으나 성장하면 속이 빈다. 포자문은 육색이며, 포자는 크기가 6.5~10×4.5~7㎛로 장타원형 또는 타원형이고, 평활하며, 비아밀로이드이다. 날시스티디아의 크기는 42~78×9.2~22.5㎛로 방추형 또는 곤봉형인데, 정단부에 길거나 짧은 목이 있으며, 세포벽은 얇고, 무색이다. 측시스티디아의 크기는 41.3~71×5.5~6.2㎛로 곤봉형이거나 서양배 모양이며 종종 정단 부위가 길거나 짧은 목이 있고, 세포벽은 얇다.

발생 시기 및 장소 | 주로 여름철의 고온다습한 시기에 퇴비 더미 또는 톱밥 주변에 다수 무리 지어 발생한다.

퇴비 더미에서 막 자라나는 모습.

하늘색깔때기버섯

Clitocybe odora (Bull.: Fr.) Kummer

깔때기버섯속   송이과   주름버섯목   주름버섯강   담자균문

백색의 균사털이 있는 기부 모습.

분류 | 깔때기버섯속(Clitocybe) 송이과(Tricholomataceae) 주름버섯목(Agaricales) 주름버섯강(Agaricomycetes) 담자균문(Basidiomycota)

형태적 특징 | 갓은 크기가 32~75㎜로 초기에는 반반구형이고, 갓 끝은 안쪽으로 굽어 있으나 성장하면 펴지며, 주로 중앙오목편평형으로 되거나 드물게는 깔때기형으로 된다. 표

청록색을 띠는 갓의 모습.

면은 평활하고, 색은 회록색 또는 청록색을 띤다. 조직은 비교적 얇고 육질형이며, 백색이고, 표피하층은 회청색을 띠며, 독특한 향기(유럽 문헌에서 아니스향과 비슷하다고 함)가 나고, 맛은 부드럽거나 아니스와 비슷한 맛이 있다. 주름살은 대에 완전붙은주름살 또는 내린주름살이며, 약간 성글거나 약간 빽빽하고, 백색 또는 옅은 회청색을 띠며, 주름살날은 평활하다. 대는 크기가 24~56 ×3~5㎜로 원통형이며, 상하 굵기가 비슷하거나 상부 쪽이 다소 가늘고, 종종 기부에는 백색의 균사털이 있다. 표면은 평활하거나 종으로 섬유질선이 있고, 갓과 같은 회청색을 띤다. 포자문은 담황색이며, 포자는 크기가 6~7.5×4~5㎛이고

내린주름살의 주름살 모습.

갓 끝이 안쪽으로 굽어 있는 어린 자실체.

타원형이며, 표면은 평활하고, 멜저용액에서 비아밀로이드이다. 담자기는 크기가 21.4~27.8×5.3~6.4㎛로 4-포자형이며, 기부에 협구가 있다. 시스티디아는 없다. 자실층 조직은 평행형이다. 갓 표피상층은 폭이 2.4~5.2㎛인 균사로 구성되어 있으며 옅은 색소가 있고, 균사에 협구가있다.

잡목림 안에서 발생한 모습.

발생 시기 및 장소 | 여름에서 가을까지 저지대에서 고산지대까지 잡목림 내의 지상에 흩어져서, 혹은 다소 무리 지어 발생한다.

황갈색먹물버섯

Coprinellus radians (Desm.) Vilgalis, Hopple & Jacq. Johnson

갈색먹물버섯속   눈물버섯과   주름버섯목   주름버섯강   담자균문

비듬상 인편을 가진 갓의 모습과 황갈색의 균사괴.

분류 | 갈색먹물버섯속(Coprinellus) 눈물버섯과(Psathyrellaceae) 주름버섯목(Agaricales) 주름버섯강(Agaricomycetes) 담자균문(Basidiomycota)

자실체 주위에 뻗어 있는 균사괴.

형태적 특징ㅣ 갓은 크기가 11~30mm로 초기에는 난형이나 성장하면 종형, 원추형 또는 반반구형으로 된다. 표면은 황갈색 또는 회갈색을 띠고, 갈색의 작은 비듬상 인편이 산재해 있으나 쉽게 탈락되며, 주변부에 방사상의 가늘고 주름상 선이 있다. 갓 끝은 다소 불규칙한 파상형이며, 초기에는 내피막 잔유물이 부착되어 있으나 쉽게 소실된다. 조직은 얇고 담황색이며, 다소 육질이며 얇다. 맛과 향기는 불분명하며, 특별하지 않다. 주름살은 대에 끝붙은주름살 또는 약간 떨어진주름살이고, 약간 빽빽하며, 초기에는 백색이나 성장하면 갈색으로 변하고 마지막에는 흑색이 되며, 액화현상이 일어난다. 주름살날은 미세한 분질상이다. 대는 크기가 25~50×2~4mm로 원통형이고, 상하 굵기가 비슷하며, 상부 쪽이 다소 가늘다. 표면은 건성이고, 백색이며, 평활하고, 대 기부 주위와 기질에 길고 굵은 소털 모양의 황갈색의 균사괴(ozonium)가 밀포되어 있다. 대의 조직은 연골질이고, 성장하면 속은 비어 있다. 포자문은 검은색을 띤다. 포자는 크기가 8.6~9.6×4.6~6.4㎛로 모양은 측면은 신장형, 타원형, 난형이고, 측면에서 보면 타원상 또는 강낭콩형이며, 표면은 평활하고, 발아공이 있다. 포자벽은 약간 두꺼우며 포자문은 흑색이다. 담자기는 4-포자형이며, 기부에 협구가 없다. 날시스티디아는 크기가 15.9~55×16~25㎛로 원통상 난형 또는 긴타원형이며, 세포벽은 얇고, 무색이며, 평활하다. 측시스티디아는 크기가 122.6~136.2×47.7~63.6㎛로 원통상 난형이며, 세포벽은 얇고, 무색이며 평활하다. 갓 표피 상층은 구형 또는 유구형세포 또는 곤봉형 세포가 염주상으로 되어 있고, 종종 세포벽이 두껍다. 갓 끝의 말단세포는 상부가 길게 신장된 호야형, 방추형 또는 세포형으로 무색이며, 세포벽은 얇다. 대피막은 난형, 구형, 방추형 또는 원통형 세포가 염주상으로 되어 있으며, 세포벽에는 종종 황색 결각이 있다. 외피막(veil)은 원통형 방추형 또는 난형의 세포가 염주상으로 되어 있거나 드물게는 분지가 있으며, 세포벽이 다소 두껍다. 대 표피층은 호야형 세포가 있으며 종종 결각이 있다.

발생 시기 및 장소 | 여름에서 가을에 걸쳐 활엽수(벚나무, 참나무, 수양버드나무 등)의 그루터기 또는 통나무 위에 발생한다.

나무에 발생한 모습.

황갈색을 띠는 갓 표면.

황소비단그물버섯
Suillus bovinus (Pers.) Roussel

비단그물버섯속   비단그물버섯과   그물버섯목   주름버섯강   담자균문

소나무 숲에서 발생한 모습(왼쪽)과 내린관공형의 자실체(오른쪽 위).
다각형의 관공구(오른쪽 아래).

분류 | 비단그물버섯속(Suillus) 비단그물버섯과(Suillaceae) 그물버섯목 (Boletales) 주름버섯강(Agaricomycetes) 담자균문(Basidiomycota)

형태적 특징ㅣ황소비단그물버섯의 갓은 지름이 3~11㎝ 정도로 처음에는 반반구형이며, 갓 끝은 안쪽으로 굽어 있으나 성장하면서 편평하게 펴지며, 성숙한 후에는 갓 끝이 위를 향해 반전되기도 한다. 표면은 황갈색 또

황갈색을 띠는 내린관공형의 모습.

는 황토색을 띠며, 습할 때는 점성이 있다. 조직은 두껍고 부드러우며 백색 또는 황백색을 띠고, 상처가 생기면 변색하지 않으나, 건조하면 보라색을 띤다. 관공은 완전붙은관공형 또는 내린관공형이고, 황색을 띤다. 관공구는 크며 다각형이다. 대의 길이는 3~7㎝ 정도이며, 위아래 굵기가 비슷하거나 위쪽이 다소 가늘다. 대의 표면은 매끄럽고 황갈색이며, 턱받이는 없다. 포자문은 황갈색이며, 포자 모양은 방추형이다.

발생 시기 및 장소ㅣ여름부터 가을에 소나무숲 내 땅 위에 홀로 나거나 무리 지어 흩어져 발생한다.

황백색을 띠는 조직.

황갈색의 어린 자실체.

흑얼룩배꼽버섯

Melanoleuca verrucipes (Fr.) Singer.

배꼽버섯속　송이과　주름버섯목　주름버섯강　담자균문

편평한 갓의 모습과 담황백색의 주름살.

분류 | 배꼽버섯속(Melanoleuca) 송이과(Tricholomataceae) 주름버섯목(Agaricales) 주름버섯강(Agaricomycetes) 담자균문(Basidiomycota)

형태적 특징 | 갓은 크기가 34~78㎜로 초기에는 종형 또는 반반구형이고, 갓 끝은 안쪽으로 말려 있으나, 성장하면 펴지며, 둔한 중고편평형으
전체적으로 백색을 띠는 자실체.

로 되고, 종종 갓의 끝 부위가 위로 반전되어 중앙 부위가 다소 낮아지기도 한다. 표면은 건성이고, 평활하며, 순백색이나 드물게 중앙 부위는 담갈색을 띤다. 조직은 육질형으로 부드럽고, 백색이다. 약간 독특한 향기가 있으며, 맛은 부드럽다. 주름살은 25~35×5~6.5㎜이며 완전붙은주름살이고, 매우 빽빽하며, 짧은주름살은 여러 가지 모양이고, 담황백색 또는 백색이며, 주름살날은 평활하다. 대는 크기가 35~85×5~9㎜로 원통형이고 상하 굵기가 비슷하나, 종종 기부는 팽대하여 다소 부정형의 구근상이다. 표면은 건성이고, 종으로 섬유질선이 있으며, 백색 바탕에 갈흑색 또는 흑갈

빽빽한 주름살 모습.

대에 흑갈색의 돌기가 있다.

색의 돌기 또는 면모상 돌기인피가 밀집되어 있고, 종종 대 기부에 백색의 균사모가 있으며, 중심형 또는 약간 편심형이다. 조직은 섬유상 육질로 백색이며, 성장하면 속이 빈다. 포자문은 백색이며, 포자는 크기가 6.8~8.5×4.2~4.8㎛로 모양은 타원형이며, 포자반이 있고, 표면에는 미세한 돌기로 밀포되어 있으며, 멜저용액에서 아밀로이드이다. 담자기는 크기가 20.6~25.3×5.5~7.4㎛로 원통상 곤봉형이며, 4-포자형이고, 기부에 협구가 없다. 좁은 방추상 플라스크형으로 목 부위에 격막이 있으며, 상부에 결정체가 부착되어 있고, 세포벽은 얇다. 자실층 조직은 평행형이고, 균사에 협구가 있다. 갓 표피상층은 균사폭이 2.4~6.8㎛인 평행균사로 구성되어 있으며, 격막에 협구가 없다.

발생 시기 및 장소 | 여름에서 가을에 걸쳐 혼합림 내의 지상, 임도, 정원에 소수 무리 지어 발생한다.

흑자색그물버섯

Boletus violaceofuscus W. F. Chiu

갈색먹물버섯속 눈물버섯과 주름버섯목 주름버섯강 담자균문

어린 자실체. 성장할수록 암자색에서 황갈색으로 변한 갓.

분류 | 그물버섯속(Boletus) 그물버섯과(Boletaceae) 그물버섯목(Boletales) 주름버섯강(Agaricomycetes) 담자균문(Basidiomycota)

울퉁불퉁한 갓 표면.

형태적 특징 | 갓은 크기가 32~120㎜로 모양은 성장 초기에는 반구형이나 성숙하면 반반구형 또는 편평형으로 되며, 표면은 불규칙하게 울퉁불퉁하고, 건성이나 습할 때는 약간 점성이 있다. 색은 초기에 암자색이지만 성장하면 옅은 색으로 변하며 황색, 올리브색, 올리브갈색의 반점이 나타난다. 조직은 두껍고 백색이나 후에 옅은 황색 또는 옅은 황갈색으로 되며, 상처를 입어도 변하지 않는다. 맛과 향기는 부드럽다. 관공은 대에 홈관공형으로, 초기에는 백색이나 성숙하면 황색 또는 황갈색으로 변한다. 관공구는 작고 원형이며, 초기에는 백색 균사로 싸여 있으나 성장하면 관공구가 나타나며, 성장하면 황색 또는 황갈색으로 된

자실체 단면.

홈관공형의 관공.

다. 대의 크기는 45~109×8~37㎜로 원통형이며, 상하의 굵기가 비슷하거나 종종 하부 쪽이 굵다. 표면은 건성이고, 암자갈색이며, 땅속에 있는 기부는 백색이고, 특히 상부 또는 전면에 백색 또는 담자색의 돌출된 종으로 길게 늘어난 망목이 현저하

황색으로 성숙한 관공(오른쪽).

다. 포자문은 올리브갈색이며, 포자의 크기는 13.5~16.8×5~6.5㎛로 모양은 유방추형이며, 평활하다. 담자기는 4-포자형이며, 기부에 협구가 없다.

발생 시기 및 장소 | 여름 또는 가을에 활엽수림 또는 참나무류와 소나무류의 혼합림 내의 지상에 2~4개씩 홀로 또는 무리 지어 발생하며, 균근형성균이다.

혼합림에서 발생된 모습.

흰굴뚝버섯

Boletopsis leucomelaena (Pers.) Fayod

굴뚝버섯속 노루털버섯과 사마귀버섯목 주름버섯강 담자균문

회백색을 띠는 갓의 모습.

분류 | 굴뚝버섯속(Boletopsis) 노루털버섯과(Bankeraceae) 사마귀버섯목(Thelephorales) 주름버섯강(Agaricomycetes) 담자균문(Basidiomycota)

위쪽으로 반전된 갓의 모습.

형태적 특징 | 갓은 45~212㎜로 초기에는 반구형 또는 반반구형이나 후에 편평상 반반구형이 되거나 편평하게 펴지며, 갓 끝은 종종 위쪽으로 반전된다. 표면은 건성이고 초기에는 회백색이나 후에는 회색 또는 흑색으로 되며, 종종 적갈색을 띤 흑색도 있다. 미세한 털이 덮여 있어 다소 부드러운 유피의 촉감이 있다. 조직은 육질형이고, 두께가 10㎜ 또는 그 이상이며, 초기에는 백색이나 상처를 입으면 적자색 또는 흑색으로 변한다. 맛은 쓰고, 냄새는 불분명하다. 자실층은 갓 하면에 있으며, 관공은 길이가 1~2㎜로 짧다. 관공구는 초기에는 백

짧은 대가 있다.

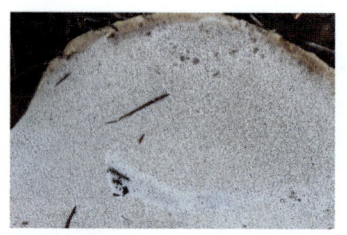
흰색의 작은 관공.

색이고 매우 작은 원형이나 점차 커지면서 불규칙한 다각형으로 되며, 회색 또는 갈회색을 띤다. 대는 22~78×8~28㎜로 원통형이며 일반적으로 기부 쪽이 가늘고, 초기에는 회백색이나 상처를 입으면 또는 시간이 경과하면 회색 또는 흑색으로 변한다. 속은 차 있으며, 육질형이고, 백색이나 상처를 입으면 붉은색을 띠다가 적회색으로 변한다. 포자문은 백색이며, 포자는 크기가 4.5~6×3.8~4.5㎛로 난형 또는 유구형이며, 표면에 불규칙한 다각형의 돌기가 있고, 멜저용액에서 비아밀로이드이다. 담자기는 크기가 32~43×6.7~7.4㎛로 긴 곤봉형이며, 4-포자형이고, 기부에 협구가 있다. 시스티디아는 없다. 조직은 제1균사형이고, 균사는 두께가 2~15㎛로 얇거나 두꺼우며, 격막에 협구가 있고, 종종 균사 표면에 갈색의 물질이 덮여 있다.

발생 시기 및 장소 | 주로 가을에 송이가 나온 후에 침엽수림(잔솔밭) 내의 지상에 소수 무리 지어 발생한다.

흰달걀버섯

Amanita hemibapha (Berk. et Br.) Sacc. subsp. *alba* Y. S. Kim & S. J. Seok

광대버섯속 광대버섯과 주름버섯목 주름버섯강 담자균문

외피막을 파열하고 올라오는 모습.

분류 | 광대버섯속(Amanita) 광대버섯과(Amanitaceae) 주름버섯목(Agaricales) 주름버섯강(Agaricomycetes) 담자균문(Basidiomycota)

순백색의 갓.

외피막을 파열하고 자라는 모습.

내피막이 떨어지는 모습.

형태적 특징 | 자실체는 초기에 백색의 달걀 모양이나 성장하면 정단 부위의 외피막이 파열되어 갓과 대가 나타난다. 갓은 크기가 50~160㎜이며 초기에는 반구형 또는 종상 반구형이고, 갓 끝은 내피막에 의해 싸여 있으나 성장하면 편평하게 펴지며, 일반적으로 중앙 부위가 돌출되어 있다. 표면은 평활하며, 순백색이고 방사상의 홈선이 선명하게 있다. 습할 때 다소 점성이 있다. 조직은 두꺼우며 육질형이고 백색이며, 맛과 향기는 부드럽다. 주름살은 대에 떨어진주름살이고, 대 정단 부위에 주름살선이 있으며, 약간 빽빽하고, 상단이 넓으며(6~8㎜) 백색이고, 주름살날은 분질상이다. 짧은주름살은 1- 또는 2-형이고, 대 쪽으로 절두상, 유절두상이거나 길게 신장되어 있다. 대는 크기가 87~178×6~18㎜로 원통형이고 상부 쪽이 가늘다. 표면은 백색이고, 초기에는 평활하나 표면이 갈라

지며, 갈라진 섬유질 또는 섬유상 인피가 뱀 껍질 모양의 가로 줄무늬를 형성하며, 대 속은 초기에 차 있으나 점차 해면질화된다. 턱받이는 대부분 대의 상부에 있으며, 백색이고, 막질이며 윗면에 방사상으로 홈선이 있다. 대주머니는 크고 두꺼우며, 백색의 막질로 주머니상이다. 포자문은 백색이고, 포자의 크기는 6.8~8.8×4.7~6.7㎛로 광타원형 또는 유구형이며, 표면은 평활하고, 비아밀로이드이다. 담자기의 크기는 44~52×8.9~13.5㎛로 2- 또는 4-포자형이다. 자실층 조직은 갈빗살형이다. 날시스티디아의 크기는 18~42×8.5~13㎛로 두상 곤봉형이며 세포벽은 얇고, 무색이다. 갓 표피상층은 평행 원통상 균사로 구성되어 있으며, 젤라틴질이 현저하고, 균사에 협구가 없다.

발생 시기 및 장소 | 여름부터 가을에 활엽수림 또는 혼합림 내의 지상에 흩어져서, 또는 소수 무리 지어 발생한다. 매우 드물다.

활엽수림에서 발생한 모습.

흰목이

Tremella fuciformis Berk.

흰목이속 　흰목이과 　흰목이목 　흰목이강 　담자균문

꽃잎 모양의 흰색 자실체.

분류 | 흰목이속(Tremella) 흰목이과(Tremellaceae) 흰목이목(Tremellales) 흰목이강(Tremellomycetes) 담자균문(Basidiomycota)

형태적 특징 | 자실체는 일반적으로 나무의 수피가 갈라진 곳에서 나온다. 갓은 성장하면 파상형이며, 주름져 있어 불규칙한 닭벼슬 또는 꽃잎 모양을 이루고, 얇으며, 점차 무리 지어 집단을 형성하고, 해초나 수국 모양을 이룬다. 자실체 전체의 크기는 43∼114×36∼52㎜로 백색이고, 평활하다. 자실층은 양쪽 면(전표면)에 분포되어 있다. 조직은 비교적 얇고 반투명하며, 젤라틴질이고, 신선하거나 습할 때는 부드러우나 건조하면 단단하며 수축된다. 물에 넣으면 다시 원상태로 회복된다. 맛은 부드럽고, 해초를 씹는 감촉이 있으며, 냄새는 불분명하다. 포자문은 백색이고, 포자는 크기가 5.7∼8.7×4.8∼6.5㎛로 유구

얇고 반투명한 젤라틴의 조직.

꽃잎 또는 해초 모양을 이루는 자실체.

형 또는 난형이며, 포자벽은 얇고, 멜저용액에서 비아밀로이드이다. 반복하여 출아발아를 하여 효모처럼 증식한다. 담자기는 초기에 전실담자기(Hypobasidia)로서 크기는 $11.4 \sim 15.7 \times 7.8 \sim 10.7 \mu m$이고, 모양은 구형 또는 유구형(subglobose)이며, 세포벽은 얇다. 성숙하면 종으로 +형 격막이 생기고, 일반적으로 4개의 작은 담자실(드물게는 2개의 담자실)로 갈라지며, 각 담자실의 정단부에서 후실담자기(epibasidia)가 길게 늘어나며 크기는 $25 \times 1.5 \sim 2.5 \mu m$ 또는 길이가 그 이상 되는 것도 있다. 자실층 사이의 조직은 망목상이며, 균사에 협구가 있다.

발생 시기 및 장소 | 주로 초여름에서 가을에 활엽수 고사목에 홀로 발생한다.

흰비단털버섯
Volvariella bombycina (Schaeff.) Singer

비단털버섯속   난버섯과   주름버섯목   주름버섯강   담자균문

견사상의 털로 뒤덮인 갓의 모습.

분류 | 비단털버섯속(Volvariella) 난버섯과(Pluteaceae) 주름버섯목(Agaricales) 주름버섯강(Agaricomycetes) 담자균문(Basidiomycota)

어린 자실체.

형태적 특징 | 자실체 성장 초기에는 작은 달걀 모양이나, 점차 윗부분이 파열되어 갓과 대가 나타난다. 갓은 크기가 65~150㎜이며 모양은 초기에 종형 또는 반구형이나 후에 반반구형, 중앙볼록반반구형 또는 중앙볼록편평형으로 변한다. 표면은 담황색인데 백색의 가늘고 긴 견사상의 털이 덮여 있다. 갓 끝은 주름살 밖으로 5㎜ 정도 신장되어 있다. 주름살은 떨어진주름살이고 빽빽하며, 초기에는 백색이지만 후에 육색을 띤다. 주름살날은 분질상이다. 대는 크기가 46~135×7~16㎜로 원통형이고 기부 쪽이 다소 굵다. 표면은 평활하고, 백색이며, 기부는 두껍고, 초기에는 백색이나 후에 황토색 또는 옅은 황갈색의 큰 대주머니가 있으며 상부는 꽃잎 모양으로 2~3개 갈라져 있다. 속은 차 있으나 점차 빈다. 포자문은 육색이고, 포자는 크기가

종형의 갓.

육색을 띠는 주름살.

6.5~8.0×4.0~6.0㎛로 모양은 난형 또는 타원형이며, 평활하고, 포자벽은 다소 두꺼운 편이다. 비아밀로이드이다. 담자기는 크기가 18.6~27.8×7.5~10.7㎛로 4-포자형이며, 기부에 협구는 없다. 날시스티디아의 크기는 35~135×10

퇴비 더미에서 발생하는 모습.

~42.5㎛로 곤봉형인데, 종종 선단이 다소 길게 늘어나 있으며, 세포벽은 얇고, 기부에 협구는 없다. 측시스티디아의 크기는 38.2~82.5×8.7~19㎛로 곤봉형, 유방추형으로 상단 부위가 다소 신장되어 있으며, 세포벽은 얇다.

발생 시기 및 장소 | 여름에 퇴비 더미, 버드나무 고사목, 그루터기 등에 발생한다.

담황색을 띠는 갓의 모습.

어린 자실체를 자른 모습.

생활 주변에서
흔히 볼 수 있는

버섯 100가지

part 2

약용버섯

불로초(영지)

Ganoderma lucidum (Curtis) P. Karst.

불로초속   불로초과   구멍장이버섯목   주름버섯강   담자균문

불로초(재배:왼쪽), 2층으로 된 목질의 조직(오른쪽 위), 갓이 형성되지 않은 어린 자실체(오른쪽 아래).

분류 | 불로초속(Ganoderma) 불로초과(Ganodermataceae) 구멍장이버섯목 (Polyporales) 주름버섯강(Agaricomycetes) 담자균문(Basidiomycota)

형태적 특징 | 불로초 갓의 지름은 5~20㎝이고, 두께는 1~3㎝ 정도이며, 원형 또는 콩팥형이다. 버섯 전체가 옻칠을 한 것처럼 광택이 난다. 표면은 적갈색이고, 갓 둘레는 생장하는 동안은 광택이 나는 황색이며, 동심원상의 얕은 고리 홈선이 있다. 조직은 단단한 목질로 2층으로 되어 있으며, 상층은 백색이고 아래층은 갈황색이다. 관공은 1층이며, 길이는 0.5~1㎝ 정도이며, 관공구는 원형이다. 대의 길이는 2~10㎝ 정도이며, 검은 적갈색으로 휘어져 있으며, 측생이다. 포자문은 갈색이고, 포자 모양은 난형이다.

불로초(재배).

동심원상의 고리 홈선.

발생 시기 및 장소 | 여름부터 가을까지 활엽수의 생목 밑동이나 그루터기 위에 무리 지어 나거나 홀로 발생하며, 부생생활을 한다.

어린 자실체는 상단부가 노란색이다.

소나무잔나비버섯
Fomitopsis pinicola (Sw.) P. Karst.

잔나비버섯속 잔나비버섯과 구멍장이버섯목 주름버섯강 담자균문

침엽수에 자생하며 관공은 황백색을 띤다.

분류 | 잔나비버섯속(Fomitopsis) 잔나비버섯과(Fomitopsidaceae) 구멍장이버섯목(Polyporales) 주름버섯강(Agaricomycetes) 담자균문(Basidiomycota)

형태적 특징 | 소나무잔나비버섯은 다년생이며, 갓은 지름 5~50㎝ 정도의 대형 버섯으로 두께 3~30㎝ 정도까지 자란다. 처음에는 반구형이나 성장하면서 편평한 말굽형이 되고, 표면에 각피가 있다. 갓의 색깔은 백색이나 점차 적갈색 또는 회갈색이 되고, 생장과정을 나타내는 환문이 있다. 조직은 백색이고 목질이다. 자실층은 황백색이고, 관공은 여러 개의 층으로 형성되며, 관공구는 원형이다. 포자문은 백색이며, 포자 모양은 타원형이다.

다년생의 대형 버섯을 형성하는 자실체.

발생 시기 및 장소 | 주로 침엽수의 고목 또는 살아 있는 나무 위에 발생하는 다년생 버섯이다.

침엽수의 고목에서 발생한 모습.

송이

Tricholoma matsutake (S. Ito. & S. Imai) Singer

송이속 송이과 주름버섯목 주름버섯강 담자균문

적갈색의 섬유상 인피가 있는 갓 표면.

분류 | 송이속(Tricholoma) 송이과(Tricholomataceae) 주름버섯목(Agaricales) 주름버섯강(Agaricomycetes) 담자균문(Basidiomycota)

형태적 특징 | 송이의 갓은 지름이 5~25㎝ 정도이고, 초기에는 구형이고, 가장자리 안쪽으로 말려 있다. 또한 갓은 섬유상 막질의 내피막으로 싸여 있으나, 성장하면 갓 끝이 펴지며, 편평한 모양으로 되고 위로 올라간다. 갓 표면은 옅은 황색 바탕에 황갈색, 적갈색의 섬유상 인피 또는 누운 섬유상 인피가 있으며, 성장하면 종종 방사상으로 갈라져 백색의 조직이 노출되기도 한다. 조직은 백색으로 육질형이고, 치밀하며, 특유한 향기가 나고, 맛이 좋다. 주름살은 대에 홈주름살이고 약간 치밀하며, 백색이나 성장하면서 갈색의 얼룩이 진다. 주름살 끝은 매끄럽다. 대의

방사상으로 갈라진 갓 표면.

백색 분질물이 있는 턱받이.

원통형의 대.

갓과 같은 섬유상 인피가 있는 대.　　　　　어린 자실체.

길이는 5~15㎝ 정도이며, 원통형으로 위아래 굵기가 비슷하다. 턱받이 위쪽은 백색이고, 분질물이 있으며, 아래쪽은 갓과 같은 갈색 섬유상의 인피가 있다. 포자문은 무색이며, 포자 모양은 타원형이다.

발생 시기 및 장소 | 가을(고도의 차이가 있으나 9~10월)에 토양온도가 19~20℃ 이하로 내려가면 적송림 내의 땅 위에 흩어져 나거나 무리 지어 균환 형태를 띠며 발생한다. 소나무 뿌리에 외생균근균을 형성하여 공생을 하며, 토양에 균환을 만들어 뿌리의 성장과 함께 매년 10~15㎝ 정도 물결 모양으로 성장한다. 종종 여름철(7~8월)에 기온이 떨어지면 버섯이 발생되기도 한다.

싸리버섯

Ramaria botrytis (Pers.) Ricken

싸리버섯속   나팔버섯과   나팔버섯목   주름버섯강   담자균문

분지 끝이 홍색이나 자색을 띤다.

분류 | 싸리버섯속(Ramaria) 나팔버섯과(Gomphaceae) 나팔버섯목(Gomphales) 주름버섯강(Agaricomycetes) 담자균문(Basidiomycota)

산호형의 분지가 많은 자실체.

분지 끝은 2~3개로 갈라진다.

형태적 특징 | 싸리버섯은 높이가 5~20㎝, 너비가 5~20㎝ 정도의 산호형이다. 대의 굵기는 5㎝ 정도이며, 위쪽으로 많은 분지가 되풀이된다. 대는 백색의 나무토막처럼 생겼으며, 분지 끝은 연한 홍색이나 연한 자색을 띤다. 대 부위의 색은 백색이나 성장하면서 황토색으로 변한다. 조직은 백색이며, 속이 차 있다. 포자문은 황토색이며, 포자 모양은 긴 타원형이다.

연분홍색이나 자색을 띠는 분지끝.

발생 시기 및 장소 | 여름부터 가을까지 활엽수림 내의 땅 위에 뭉쳐서 발생한다.

아까시흰구멍버섯
Perenniporia fraxinea (Bull.) Ryvarden

흰구멍버섯속 구멍장이버섯과 구멍장이버섯목 주름버섯강 담자균문

나무에 겹쳐서 발생한 자실체.

분류 | 흰구멍버섯속(Perenniporia) 구멍장이버섯과(Polyporaceae) 구멍장이버섯목(Polyporales) 주름버섯강(Agaricomycetes) 담자균문(Basidiomycota)

아까시나무 그루터기에 발생한 모습.

형태적 특징 | 아까시흰구멍버섯은 1년생으로 갓은 지름이 5~20㎝, 두께가 1~2㎝ 정도이고, 처음에는 반구형이며 연한 황색 또는 난황색의 혹처럼 덩어리진 모양으로 발생하였다가 성장하면서 반원형으로 편평해진다. 갓 표면은 적갈색이나 차차 흑갈색이 되며, 각피화된다. 갓 가장자리는 성장하는 동안 연한 황색이고, 환문이 있다. 조직은 코르크질이고 연한 황갈색이다. 자실층은 황색에서 회백색으로 되며, 상처를 주면 검은 갈색의 얼룩이 생긴다. 관공은 한 개의 층으로 형성되며, 길이는 0.3~1㎝ 정도이고, 관공구는 원형으로 조밀하다. 포자문은 백색이며, 포자 모양은 난형이고 두꺼운 벽을 가지고 있다.

발생 시기 및 장소 | 봄부터 가을에 걸쳐 벚나무, 아까시나무 등 활엽수의 살아 있는 나무 밑동에 무리 지어 발생하며, 목재를 썩히는 부생생활을 한다.

연한 황색의 갓 가장자리.

잎새버섯
Grifola frondosa (Dicks.) Gray

잎새버섯속　왕잎새버섯과　구멍장이버섯목　주름버섯강　담자균문

커다랗고 동그스름한 다발을 이룬 자실체.

분류 | 잎새버섯속(Grifola) 왕잎새버섯과(Meripilaceae) 구멍장이버섯목(Polyporales) 주름버섯강(Agaricomycetes) 담자균문(Basidiomycota)

황토색을 띠는 성장 후의 자실체.

형태적 특징 | 자실체는 뭉툭한 대에서 무수하게 분지가 갈라지며 그 위에 작은 갓이 형성되어 하나의 커다랗고 둥그스름한 다발을 이룬다. 갓은 다소 작고 두꺼우며 부채형, 조개형, 꽃잎형, 반원형 또는 구두칼형이다. 표면은 초기에 흑색 또는 흑갈색을 띠나 후에 점차 퇴색되어 황토색 또는 옅은 회흑갈색으로 된다. 그 위에 방사상의 섬유질이 있고, 선명하지 않은 둥근 무늬가 있다. 조직은 부드럽고 유연하며, 씹을 때 감촉이 좋은 육질형이고, 백색이다. 맛은 부드럽다. 자실층은 관공형이고, 대에 내린관공형이며, 백색이다. 관공구는 원형 또는 다소 불완전한 타원형이며 백색이다. 대는 뭉툭하고 굵으며, 바로 윗부분에서 수많은 분지로 갈라져 산호 모양을 이루며, 유백색 또는 담황색을 띠고, 조직은 단단하며, 충실하나 잘 부서진다. 포자문은 백색이며, 포자는 크기가 5.5~

내린관공형의 자실체.

6.7×3.5~4.5㎛이고, 난형 또는 광타원형이며, 표면은 평활하다. 포자벽은 얇고, 멜저용액에서 비아밀로이드이다. 담자기는 크기가 20.6~24.7×5.7~7.4㎛로 4-포자형이며, 기부에 협구가 없다.

뿌리 근처에 기생하는 자실체.

시스티디아는 없고, 조직은 제1균사형으로 되어 있으며, 자실하층 균사(subhymenial hyphae)는 폭이 2~3㎛으로 세포벽은 얇으며, 드물게는 격막이 있고, 협구도 드물게 있다. 조직의 균사는 폭이 8.6~36.7㎛로 부레 또는 방광 모양이고, 세포벽이 다소 두껍다.

발생 시기 및 장소 | 가을에 졸참나무, 물푸레나무의 뿌리 근처에 사물 기생하며, 모여서 발생하는 백색의 목재부후균이다.

담황색을 띠는 다발형 자실체.

자작나무시루뻔버섯 ^(차가버섯)

Inonotus obliquus (Ach. ex Pers.) Pilát

송이속 　송이과 　주름버섯목 　주름버섯강 　담자균문

자작나무 수피에 발생한 모습.

분류 | 시루뻔버섯속(Inonotus) 소나무비늘버섯과(Hymenochaetaceae) 소나무비늘버섯목(Hymenochaetales) 주름버섯강(Agaricomycetes) 담자균문(Basidiomycota)

형태적 특징 | 자작나무시루뻔버섯의 일반적으로 관찰되는 덩어리 부분은 불완전세대로 불규칙한 균핵형이다. 크기는 9~25㎝이고, 표면은 암갈색 또는 검은색으로 거북 등과 같이 갈라져 있으며, 조직은 쉽게 부서지고, 자르면 검은색으로 변색된다. 자실층은 배착형이며, 표면은 관공형이고, 종종 수피 아랫부분에 군데군데 발생되며, 크기는 1~10㎝ 정도의 불규칙한 조각 형태이고, 두께는 0.5~1㎝이다. 자실층의 색은 어릴 때는 흰색을 띠나 갈색으로 변하며, 오래되면 암갈색을 띤다. 관공구는 각진 형이거나 타원형이고, 길이는 약 1㎝이며, 관공수는 ㎜당 3~5개이다. 자실층 형성 균사층은 드물게 발달되기도 한다. 조직은 싱싱할 때 부드럽거나 코르크질이고, 건조하면 딱딱해지고, 쉽게 부서진다. 포자는 2가지 형태이다. 후막포자는 난형이고, 올리브갈색을 띠며, 담자포자는 광학현미경 하에서 무색이며 타원형이다.

발생 시기 및 장소 | 자작나무 등 활엽수의 생목이나 고사목에 발생하며, 목재를 백색으로 썩히는 부생생활을 한다.

조직은 딱딱하고 쉽게 부서진다.

잔나비불로초
Ganoderma applanatum (Pers.) Pat.

| 불로초속 | 불로초과 | 구멍장이버섯목 | 주름버섯강 | 담자균문 |

갓 표면에 갈색의 포자가 싸여 있다.

분류 | 불로초속(Ganoderma) 불로초과(Ganodermataceae) 구멍장이버섯목(Polyporales) 주름버섯강(Agaricomycetes) 담자균문(Basidiomycota)

형태적 특징 | 잔나비불로초의 갓은 지름이 5~50㎝ 정도이고, 두께가 2~5㎝로 매년 성장하여 60㎝가 넘는 것도 있으며, 편평한 반원형 또는 말굽형이다. 갓 표면은 울퉁불퉁한 각피로 덮여 있으며, 동심원상 줄무늬가 있으며, 색깔은 황갈색 또는 회갈색을 띤다. 종종 적갈색의 포자가 덮여 있다. 갓 하면인 자실층은 성장 초기에는 백색이나 성숙하면서 회갈색으로 변하나, 만지거나 문지르면 갈색으로 변한다. 조직은 단단한 목질이며, 관공구는 원형으로 여러 층에 있으며, 지름이 1㎝ 정도이다. 대는 없고, 기주 옆에 붙어 생활한다. 포자문은 갈색이고, 포자 모양은 난형이다.

다년생이며 동심원상 줄무늬가 생긴다.

발생 시기 및 장소 | 봄부터 가을 사이에 활엽수의 고사목이나 썩어가는 부위에 발생하며, 다년생으로 1년 내내 목재를 썩히며 성장한다.

참관공은 성장 초기에 백색을 띤다.

활엽수 그루터기에 자생하는 모습.

생활 주변에서

흔히 볼 수 있는

버섯 100가지

part 3

독버섯

두엄먹물버섯

Coprinopsis atramentaria (Bull.) Redhead, Vilgalys & Moncalvo

두엄먹물버섯속   눈물버섯과   주름버섯목   주름버섯강   담자균문

담회갈색의 갓.

분류 | 두엄먹물버섯속(Coprinopsis) 눈물버섯과(Psathyrellaceae) 주름버섯목(Agaricales) 주름버섯강(Agaricomycetes) 담자균문(Basidiomycota)

면봉형의 갓

형태적 특징 | 두엄먹물버섯의 갓은 3.5~7.5㎝로 난형이나 성장하면 종형 또는 원추상 종형으로 발달한다. 표면은 담회색 또는 담회갈색을 띠며, 종종 회갈색의 미세한 인편이 있다. 종종 중앙 부위를 제외하고 방사상으로 잔주름이나 홈선이 있다. 주름살은 끝붙은주름살이며, 빽빽하고 유백색이거나 옅은 회백색이며, 포자가 성숙하면 갓 끝쪽에서부터 자갈색 또는 적갈색을 띠다가 흑색으로 변하며, 포자를 날린 후에 끝에서부터 액화 현상이 나타난다. 대의 길이는 4.5~15.5㎝로 기부는 굵으며, 기부는 방추형 뿌리 모양이다.

대와 주름살 모습.

원추상 종형의 자실체.

건조해서 갓이 갈라진 상태.

성장하면 대의 속은 비어 있고, 대 기부 쪽에 내피막의 일부가 불완전한 턱받이를 이루고 있다. 포자문은 갈흑색 또는 흑색이고, 포자는 타원형이며, 분명한 발아공이 있다.

발생 시기 및 장소 | 두엄먹물버섯은 국내의 농가 주변이나 들판에서 흔히 아침에 발견되는 버섯이며 해가 뜨면서 먹물처럼 녹아내리는 특징이 있다. 봄과 가을에 정원, 화전지, 도로변의 퇴비 더미 주위 또는 부식질이 많은 곳에서 발생하며 종종 활엽수의 부후목에 무리 지어 발생한다.

포자는 검은색을 띤다.

땅비늘버섯
Pholiota terrestris Overh.

비늘버섯속 포도버섯과 주름버섯목 주름버섯강 담자균문

갓 표면에 발달된 인피 모습.

분류 | 비늘버섯속(Pholiota) 포도버섯과(Strophariaceae) 주름버섯목(Agaricales) 주름버섯강(Agaricomycetes) 담자균문(Basidiomycota)

갓 하면의 주름살 모양.

갓 표면의 인피.

형태적 특징 | 땅비늘버섯의 갓은 지름이 3~6㎝ 정도로 원추형에서 가운데가 볼록한 둥근 산 모양을 띠고 성장하면서 편평한 모양으로 된다. 갓 표면은 연한 황색 또는 연한 갈색이고, 진한 갈색의 섬유상 인편이 많이 있으며, 갓 끝에는 내피막 일부가 붙어 있다. 조직은 연한 황색이고, 주름살은 완전붙은주름살형이며, 포자가 형성되면 갈색으로 변한다. 주름살에는 미세구조인 노란 시스티

디아가 있다. 대의 길이는 3
~7㎝ 정도이며, 위쪽은 백
색이고, 아래쪽은 연한 황색
또는 연한 갈색이며, 섬유상
인편과 솜털 모양의 내피막
흔적이 있다. 포자문은 진한
갈색이며, 포자 모양은 타원
형이다.

황갈색의 포자문.

발생 시기 및 장소 | 봄부터 가을까지 산길, 잔디밭 등에 뭉쳐서 발생하며, 유기물이나 산림부산물을 분해하는 부후성 버섯이다.

턱받이 흔적이 있는 대 상부.

건조한 자실체.

마귀곰보버섯

Gyromitra esculenta (Pers.) Fr.

마귀곰보버섯속   게딱지버섯과   주름버섯목   주름버섯강   담자균문

갓과 대의 모습. 싱싱한 버섯(좌/오른쪽 아래 사진)과 검게 변색된 버섯(우/오른쪽 아래 사진).

분류 | 마귀곰보버섯속(Gyromitra) 게딱지버섯과(Discinaceae) 주발버섯목(Pezizales) 주발버섯강(Pezizomycetes) 자낭균문(Ascomycota)

형태적 특징 | 마귀곰보버섯의 자실체는 4.5~12㎝로, 갓은 불규칙한 뇌상 유구형이다. 표면은 평활하고 황갈색, 적갈색 또는 흑갈색이다. 대는 길이가 1.1~4㎝로 짧고 뭉툭하며 현저한 홈선 또는 챔버형이다. 표면은 백색이고 미세한 비듬상이

뇌 모양의 갓.

며, 속은 비어 있다. 갓과 대는 불규칙하게 부착되어 있다. 조직은 잘 부서지며 맛과 향은 특별하지 않다. 포자는 타원형이고 평활하며, 포자 내부에 2개의 기름방울이 있다.

발생 시기 및 장소 | 4월과 5월 초에 침엽수 그루터기 주위, 톱밥 또는 나무 부스러기 주위에서 흩어져서, 또는 무리 지어 발생한다. 국내에서는 매우 희귀한 종으로서 강원도에서 처음 발견되었다.

불규칙하게 부착되어 있는 갓과 대.

대를 절단한 모양.

마귀광대버섯
Amanita pantherina (DC.) Krombh.

| 마귀곰보버섯속 | 게딱지버섯과 | 주름버섯목 | 주름버섯강 | 담자균문 |

갓 표면에 흰색 외파막의 흔적이 있는 자실체.

분류 | 광대버섯속(Amanita) 광대버섯과(Amanitaceae) 주름버섯목(Agaricales) 주름버섯강(Agaricomycetes) 담자균문(Basidiomycota)

형태적 특징 | 마귀광대버섯 갓의 지름은 3~25㎝ 정도이며, 초기에는 구형이나 성장하면서 편평형이 되고, 후에 오목편평형이 된다. 갓 표면은 회갈색 또는 갈색이며, 사마귀 모양의 백색 외

갓 둘레에 방사상의 홈선이 있다.

피막 파편이 산재하고, 습하면 점성이 있으며, 갓 둘레에는 종종 방사상의 홈선이 있다. 주름살은 떨어진주름살형이며, 다소 빽빽하고 백색이며, 주름살 끝은 약간 톱날형이다. 대의 길이는 5~20㎝ 정도이며, 백색이며, 위쪽에 턱받이가 있고, 턱받이 밑에는 섬유상의 인편이 있다. 기부는 팽대하여 구근상을 이루고 바로 위에는 외피막의 일부가 2~4개의 불안전한 띠를 이룬다. 포자문은 백색이며, 포자 모양은 긴 타원형이다.

발생 시기 및 장소 | 여름부터 가을까지 활엽수림, 침엽수림 내 지상에 홀로 나거나 또는 흩어져 발생하며, 외생균근성 버섯이다.

성장 후에는 턱받이가 대의 중심부에 위치하고 쉽게 떨어진다.

외피막의 흔적이 흰색 인편으로 펼쳐진 자실체.

맑은애주름버섯

Mycena pura (Pers.) P. Kumm.

애주름버섯속　애주름버섯과　주름버섯목　주름버섯강　담자균문

습하면 점성이 나타나는 자실체(왼쪽). 회백색의 주름살(오른쪽 아래).

분류 | 애주름버섯속(Mycena) 애주름버섯과(Mycenaceae) 주름버섯목(Agaricales) 주름버섯강(Agaricomycetes) 담자균문(Basidiomycota)

갓 표면의 방사상 홈선.

형태적 특징 | 맑은애주름버섯의 갓은 지름이 2~5㎝ 정도로 처음에는 종형에서 반구형이나 성장하면서 편평형으로 되며, 종종 중앙이 볼록하기도 하다. 갓 표면은 건성이나, 습하면 다소 점성이 있고, 반투명의 선이 방사상으로 나타나며, 홍자색, 분홍보라색, 연한 보라색, 백색 등 다양한 색의 변화가 있다. 주름살은 끝붙은주름살형이며, 약간 빽빽하고, 회백색 또는 연한 자색이다. 대의 길이는 3~8㎝ 정도이며, 속은 비어 있고, 표면은 평활하고 갓의 색과 같다. 대 기부에는 균사가 밀포되어 있다. 생감자 냄새가 난다. 포자문은 백색이며, 포자 모양은 긴 타원형이다.

발생 시기 및 장소 | 봄부터 가을에 걸쳐 활엽수림 또는 침엽수림 내 낙엽 위에 홀로 또는 무리 지어 발생한다.

무늬노루털버섯

Sarcodon scabrosus (Fr.) P. Karst.

노루털버섯속   노루털버섯과   사마귀버섯목   주름버섯강   담자균문

갓에 인편상 털이 있는 자실체.

분류 | 노루털버섯속(Sarcodon) 노루털버섯과(Bankeraceae) 사마귀버섯목(Thelephorales) 주름버섯강(Agaricomycetes) 담자균문(Basidiomycota)

형태적 특징 | 무늬노루털버섯 갓의 지름은 5~10㎝ 정도이며, 평반구형 또는 깔때기형이다. 갓 표면은 연한 갈색이고, 인편상 털이 빽빽이 퍼져 있다. 자실층은 길이 0.7㎝가량의 침이 돋아나 있으며, 회갈색이다. 조직은 황색 또는 흑색이다. 대의 길이는 3~4㎝ 정도로 아래쪽으로 차츰 가늘어지고, 표면은 회색 또는 연한 갈색이다. 포자문은 연한 갈색이며, 포자 모양은 유구형이다.

침형이며 쓴맛이 나는 자실층.

발생 시기 및 장소 | 여름과 가을에 침엽수림 내 땅 위에 무리 지어 나거나 홀로 발생한다.

침엽수림 내에 자생하는 모습.

회갈색의 자실층.

바늘땀버섯

Inocybe calospora Quél.

땀버섯속 | 땀버섯과 | 주름버섯목 | 주름버섯강 | 담자균문

비듬상 인편이 있는 갓과 건성의 대.

분류 | 땀버섯속(Inocybe) 땀버섯과(Inocybaceae) 주름버섯목(Agaricales) 주름버섯강(Agaricomycetes) 담자균문(Basidiomycota)

종형의 갓.

형태적 특징 | 갓은 10~25㎜로 원추형이나 성장하면 종형, 반반구형 또는 중앙볼록편평형으로 된다. 표면은 건성이고 방사상으로 섬유질이나 점차 비듬상인편으로 갈라지고, 종종 끝은 약간 반전되어 있으며 회갈색 또는 적갈색을 띤다. 조직은 얇고 백색이며 밤꽃 냄새가 난다. 주름살은 완전붙은주름살 또는 끝붙은주름살로 좁으며, 약간 빽빽하고 유백색이나 성장하면 갈색을 띤다. 주름살날은 백색의 분질이 있다. 대는 25~42×1.5~3㎜로

갈색의 주름살.

종형의 갓.

기부 쪽이 다소 굵으며, 표면은 건성이며 회갈색 또는 적갈색을 띠고, 종으로 섬유질이 있으며 백색의 분질 또는 면모상 분질이 있다. 포자문은 적갈색이며, 포자는 $6.7 \sim 11.3 \times 5.5 \sim 9\mu m$의 유구형이거나 넓은 타원형이고, 표면에는 침상 돌기($2 \sim 3\mu m$)가 있다. 담자기는 (2)4-포자형이고, 기부에 협구가 있다. 날시스티디아는 $34.2 \sim 53.8 \times 9.5 \sim 17.2\mu m$로 원통형, 방추형, 편복형 또는 호야형이고, 세포벽은 두꺼우며 정단부에 크리스털이 있다. 종종 이들 사이에 무색이고 세포벽이 얇은 서양배 모양의 시스티디아가 산재해 있다. 측시스티디아는 크기와 모양이 날시스티디아와 유사하다.

발생 시기 및 장소 | 여름과 가을에 활엽수림 또는 혼합림의 지상에 소수 무리 지어 발생하며, 다소 드물게 발견된다.

붉은사슴뿔버섯

Podostroma cornu-damae (Pat.) Boedijin

사슴뿔버섯속   점버섯과   동충하초목   동충하초강   자낭균문

적색을 띠는 자실체.

분류 | 사슴뿔버섯속(Podostroma) 점버섯과(Hypocreaceae) 동충하초목(Hypocreales) 동충하초강(Pezizomycotina) 자낭균문(Ascomycota)

사슴뿔 모양의 자실체.

형태적 특징 | 붉은사슴뿔버섯의 자실체는 원통형이며, 종종 손가락 또는 뿔 모양의 분지를 형성하며, 정단부는 둥글거나 뾰족하다. 높이는 3.4~8.5㎝, 폭은 0.5~1.5㎝이다. 표면은 평활하며 다소 분질상이고 적등황색 또는 등황적색을 띤다. 조직은 흰색이며 냄새는 불분명하고, 맛은 부드럽다. 자낭각은 완전매몰형이고, 자낭포자는 구형이고 불완전한 망목(높이 1~1.5㎛)이 있으며 갈색이다.

발생 시기 및 장소 | 주로 여름과 가을에 활엽수 또는 침엽수의 그루터기 위 또는 그루터기 주위에 발생하며, 국내에서는 비교적 드물게 발생한다.

백색의 조직.

자실체 표면은 평활하다.

붉은싸리버섯
Ramaria formosa (Pers.) Quél.

싸리버섯속　나팔버섯과　나팔버섯목　주름버섯강　담자균문

노화되면 분지 끝은 맑은 적색이 되며 퇴색되어 회등황색을 띤다.

분류 | 싸리버섯속(Ramaria)　나팔버섯과(Gomphaceae)　나팔버섯목(Gomphales)
주름버섯강(Agaricomycetes)　담자균문(Basidiomycota)

U자형 또는 포크형의 분지를 가진 자실체.

형태적 특징 | 붉은싸리버섯의 자실체는 중간형 또는 대형이며, 높이 7.5~15(20)㎝, 폭은 5.5~14.5(20)㎝로 산호형이다. 초기에는 짧고 뭉툭한 자루 모양이며, 상단부에서 2~6개의 분지가 나타나고 위쪽으로 4~6회 분지가 형성된다. 상부 쪽의 분지는 점점 가늘고 짧다. 분지는 2분지 또는 다분지형이며, 분지의 모

활엽수림에 무리 지어 발생한다.

잘 부서지고 신맛이 난다.

분지 끝은 성숙하면 붉은색을 띤다.

양은 포크형·U자형이고, 분지 끝은 뾰족하거나 뭉툭하다. 대의 지하부는 백색 또는 옅은 갈백색을 띠고, 지상부는 맑은 적색 또는 분홍색이고 분지 끝은 맑은 황색을 띠나, 성숙하면 다소 붉은색으로 퇴색되어 회등황색을 띤다. 조직은 백색이고 상처를 입으면 적갈색으로 변한다. 육질형이거나 육질상 섬유질형이며, 분필처럼 잘 부서진다. 신맛이 있다. 포자문은 암황색 또는 황색이며, 포자는 긴 타원형이고, 표면에 크고 불규칙한 돌기(사마귀상)가 있으며, 코튼블루 용액에 염색된다.

발생 시기 및 장소 | 주로 늦은 여름과 가을에 활엽수림의 지상에 무리 지어 발생하므로 흔히 발견된다.

비늘버섯

Pholiota squarrosa (Vahl) P. Kumm.

비늘버섯속 포도버섯과 주름버섯목 주름버섯강 담자균문

어린 개체의 반구형 갓과 섬유질상 내피막.

분류 | 비늘버섯속(Pholiota) 포도버섯과(Strophariaceae) 주름버섯목(Agaricales) 주름버섯강(Agaricomycetes) 담자균문(Basidiomycota)

형태적 특징 | 비늘버섯의 갓은 크기가 2.5~6.5㎝로 성장 초기에는 반구형 또는 종형이나 성장하면 반반구형으로 되다가 편평하게 퍼진다. 대부분 중앙 부위가 약간 볼록하며, 갓 끝은 오랫동안 안쪽으로 굽어 있다. 표면은 습할 때

대 아래쪽의 손거스러미상 인피.

에도 건조하며, 옅은 황색 또는 올리브황색 바탕에 끝이 반전된 등황갈색 또는 암갈색의 비늘상 인피(squarrose)가 다소 동심원상으로 배열되어 있으며, 중심 쪽은 더 짙은 색을 띠며 밀집되어 있다. 성장 초기 갓 끝은 섬유상 또는 섬유상 막질의 내피막으로 싸여 있으나 성장하면 갓 끝쪽에 내피막의 잔유물이 쉽게 소실된다. 조직은 육질형이며 얇고 황백색이며, 냄새는 일반적인 버섯 냄새가 나거나 분명하지 않으며, 맛은 부드럽다. 주름살은 대에 완전붙은주름살이거나 짧은 내린주름살이고 빽빽하고 다소 넓은 편이며, 초기에는 맑은 올리브황색이나 성장하면 올리브갈색을 띠고, 주름살날은 평활하다. 대의 길이는 5.2~15㎝로 원통형이고 상하 굵기가 비슷하거나 기부 쪽이 다소 굵으며, 일반적으로 휘거나 종종 굽어 있다. 표면은 턱받이 위쪽은 면모상 또는 미분질이며 맑은 황백색이고, 턱받이 아래는 옅은 황

갓의 비늘상 인피 모습.

색 바탕에 갈색의 비늘상 인피, 손거스러미상 인피 또는 암갈색 인피가 산재해 있으며, 기부 쪽은 짙은 색을 띠고 가늘며, 옆의 다른 대와 합생(concrescented)하여 종종 다발을 이룬다. 턱받이는 맑은 황색을 띠며 면모상 섬유질이고, 성장하면 거의 소실되어 흔적만 남는다. 포자문은 짙은 황갈색이고, 포자는 타원형이고 평활하며 포자벽은 얇고 정단부에 작고 분명한 발아공이 있으며, KOH 용액에서 황금색을 띠는 부정형의 내용물이 있다.

발생 시기 및 장소 | 여름에서 가을에 활엽수 고사목의 그루터기에 무리 지어 발생하며 침엽수에서도 발생한다. 전국적으로 많이 발생하는 버섯 중에 한 종이다.

어릴 때는 턱받이가 주름살을 보호한다.

산속그물버섯아재비

Boletus pseudocalopus Hongo

그물버섯속　그물버섯과　그물버섯목　주름버섯강　담자균문

황색 또는 회색의 관공.

분류 | 그물버섯속(Boletus) 그물버섯과(Boletaceae) 그물버섯목(Boletales) 주름버섯강(Agaricomycetes) 담자균문(Basidiomycota)

대에 내린 관공.

형태적 특징 | 산속그물버섯아재비의 갓은 4.5~16.5㎝로 반구형 또는 반반구형이고, 갓 끝은 안쪽으로 말려 있으나 성장하면 반반구형이거나 편평하게 펴진다. 표면은 건성이고 평활하거나 약간 면모상이며, 성장하면 종종 귀열상으로 갈라진다. 적갈색, 황갈색 또는 담적갈색, 담황적색을 띤다. 조직은 두껍고 육질이며 담황색이나 상처를 입으면 청색으로 변한 다음 시간이 경과하면 퇴색하여 회색으로 된다. 미성숙한 것은 거의 청변하지 않거나 담청색을 띤다. 성숙한 자실체는 치즈 냄새가 나며 약간 신맛이 난다. 관공은 대에 완전붙은관공형 또는 짧은 내린

관공형이며 황색 또는 호박색이나 점차 갈색으로 되고, 상처를 입으면 녹청색으로 변한다. 관공구는 원형이거나 각형이고 관공과 같은 색이며, 색 변화도 같은 양상이다. 대의 길이는 4.5~12.3㎝로 원통형이나 하부 쪽이 굵고 곤봉형(기부 7.5㎝)

갓 표면이 건성인 자실체.

이며, 표면은 상부에서 중반부까지 가느다란 망목이 있으며 황색을 띠고, 하부는 옅은 적색, 암적색 또는 암적갈색을 띠고, 상처를 입으면 청변한다. 포자문은 올리브갈색이며, 포자는 유방추형이다.

발생 시기 및 장소 | 주로 여름과 가을에 적송림과 참나무 혼합림 내 지상에서 비교적 드물게 발견된다.

황색 또는 호박색의 관공.　치즈 냄새가 나며 약간 신맛이 나는 자실체.

삿갓외대버섯

Entoloma rhodopolium (Fr.) P. Kumm.

외대버섯속　외대버섯과　주름버섯목　주름버섯강　담자균문

갓은 회색 또는 회황토색이며 조직은 백색이다.

분류 | 외대버섯속(Entoloma)　외대버섯과(Entolomataceae)　주름버섯목(Agaricales)　주름버섯강(Agaricomycetes)　담자균문(Basidiomycota)

형태적 특징 | 삿갓외대버섯의 갓은 지름이 3~8㎝ 정도로 처음에는 종형이나 성장하면서 볼록편평형이 된다. 갓 표면은 매끄럽고, 습하면 회색 또는 회황토색을 띠고 반투명선이 나타난다. 건조하면

대는 비어 있고 다소 구부러져 있다.

연한 색으로 퇴색되고, 비단상의 광택이 난다. 조직은 백색이며 얇다. 주름살은 완전붙은주름살형이나 성장하면서 끝붙은주름살형이 되고, 약간 빽빽하며, 처음에는 백색이나 점차 연한 분홍색이 된다. 대의 길이는 5~10㎝ 정도이며, 원통형이고, 위아래 굵기가 비슷하거나 위쪽이 가늘다. 대의 속은 비어 있으며, 표면은 백색이다. 포자문은 연한 분홍색이며, 포자 모양은 다면체이다.

발생 시기 및 장소 | 여름부터 가을까지 활엽수림 내 땅 위에 홀로 또는 흩어져서 발생한다.

비단상 광택이 있는 갓.

223

어리알버섯

Scleroderma verrucosum (Bull.) Pers.

어리알버섯속　어리알버섯과　그물버섯목　주름버섯강　담자균문

표면은 황갈색이다. 진갈색의 포자는 비나 바람을 이용해 비산한다.

분류 | 어리알버섯속(Scleroderma) 어리알버섯과(Sclerodermataceae) 그물버섯목(Boletales) 주름버섯강(Agaricomycetes) 담자균문(Basidiomycota)

형태적 특징 | 어리알버섯의 자실체는 지름이 2~8㎝ 정도, 높이는 2~7㎝ 정도이나 높이보다 너비가 큰 것이 많으며, 유구형이다. 표면은 황갈색이고, 진한 색의 작은 인편이 점을 이루고 있다. 표면은 성숙하면 불규칙하

표면이 불규칙하게 갈라지는 성숙한 자실체.

게 갈라지고 흑갈색으로 된다. 공 모양의 기본체 아래쪽으로 짧은 대가 있고, 기부에는 백색의 균사속이 있다. 외피막 속에 기본체가 있으며, 기본체를 자르면 어릴 때는 백색의 조직에 검은 반점이 나타나지만 성장하면 진한 올리브갈색을 띤다. 포자는 진한 갈색이며, 구형이다.

발생 시기 및 장소 | 여름부터 가을에 걸쳐 산림 내 모래땅 위에 무리 지어 발생한다.

어릴 때 자실체를 자르면 남색을 띤다.

젖버섯

Lactarius piperatus (L.) Pers.

젖버섯속 무당버섯과 무당버섯목 주름버섯강 담자균문

깔대기 모양의 자실체.

분류 | 젖버섯속(Lactarius) 무당버섯과(Russulaceae) 무당버섯목(Russulales)
주름버섯강(Agaricomycetes) 담자균문(Basidiomycota)

형태적 특징 | 젖버섯의 갓은 지름이 4~18㎝ 정도로 깔때기 모양이다. 갓 표면은 매끄럽고 주름이 있으며, 중앙부는 황백색을 띠나 끝 부위는 백색이며, 황갈색의 얼룩이 생긴다. 갓 끝은 어릴 때는 굽은 형이고, 성장하면서 펴진다. 주름살은 내린주름살

백색의 주름살 모습.

형으로 폭이 좁고 2개로 갈라지며, 크림색이고 빽빽하다. 조직에 상처를 주면 백색 유액이 분비되며, 변색하지 않고, 혀를 자극하는 매운맛이 난다. 대의 길이는 3~10㎝ 정도이며, 아래쪽이 약간 가늘고, 표면은 백색이다. 포자문은 백색이며, 포자 모양은 타원형이다.

발생 시기 및 장소 | 여름부터 가을 사이에 활엽수 또는 침엽수림의 땅에 무리 지어 발생하며, 외생균근성 버섯이다.

백색의 유액은 매운맛이 난다.

227

파리버섯

Amanita melleiceps Hongo

광대버섯속　광대버섯과　주름버섯목　주름버섯강　담자균문

흰색의 포자를 지닌 주름살과 방사상의 홈선이 있는 갓.

분류 | 광대버섯속(Amanita) 광대버섯과(Amanitaceae) 주름버섯목(Agaricales) 주름버섯강(Agaricomycetes) 담자균문(Basidiomycota)

형태적 특징 | 파리버섯의 갓은 2.7~ 5.6㎝로 구형, 반구형이나 성숙하면 반반구형이거나 편평하게 펴진다. 표면은 습할 때 점성이 있으며 담황색, 황토색을 띠고, 백색 또는 담황색의 분질이 산재해 있으며, 방사상의 홈선이 있다. 조직은 얇고 유백색 또

어린 자실체의 갓에 생긴 분질상의 외피막.

는 옅은 황색을 띠며 잘 부서진다. 주름살은 떨어진주름살이고 성글며 백색을 띠고, 주름살날은 평활하다. 대는 3.3~5.8㎝로 원통형이고, 기부는 팽대하여 구근상을 이룬다. 표면은 백색 또는 옅은 황색을 띠고, 구근상 위에는 담황색의 분질물이 덮여 있으나 소실된다. 성장하면 대의 속은 빈다. 턱받이는 없다. 포자문은 백색이고, 포자는 광타원형이며 비아밀로이드이다.

발생 시기 및 장소 | 여름에 주로 발견되는데, 적송림 또는 참나무림의 지상에 흩어져 발생한다.

성숙한 자실체의 갓과 주름살.

어린 자실체.

화경솔밭버섯

Omphalotus japonicus (Kawam.) Kirchm. & O. K. Mill.

솔밭버섯속   송이과   주름버섯목   주름버섯강   담자균문

고목에 무리 지어 발생한 모습.

분류 | 솔밭버섯속(Omphalina) 송이과(Tricholomataceae) 주름버섯목 (Agaricales) 주름버섯강(Agaricomycetes) 담자균문(Basidiomycota)

형태적 특징 | 화경솔밭버섯의 갓은 6.7~ 22.5㎝로 어른 손바닥만 하며 조개형 또는 신장형으로 된다. 표면은 황등갈색·자갈색·암자갈색을 띠고 짙은 색의 인피가 있다. 주름살은 내린주름살이고 폭은 넓으며 약간 빽빽하고 옅은 황색 또는 백색이다. 빛이 없는 밤에는 청백색의 인광이 난다. 대의 길이는 1.2~2.7㎝로 짧고 뭉툭하며 편심생이고, 돌출된 불완전한 턱받이가 있다. 조직은 두껍고 육질형이며, 백색이나 기부를 종으로 절단하면 암자색의 반점이 있다. 맛과 향기는 부드럽다. 포자문은 백색이고, 포자는 구형이다.

서어나무에 자생하는 자실체.

발생 시기 및 장소 | 여름과 가을에 서어나무·너도밤나무류, 특히 서어나무의 고목에 무리 지어 발생한다.

청백색의 인광이 난다.

대 기부에 있는 검은색 반점.

흰오징어버섯

Aseroë arachnoidea E. Fisch.

오징어버섯속　말뚝버섯과　말뚝버섯목　주름버섯강　담자균문

자실탁지를 벌린 모습과 벌리기 전(왼쪽 위).

분류 | 오징어버섯속(Aceroe) 말뚝버섯과(Phallaceae) 말뚝버섯목(Phallales) 주름버섯강(Agaricomycetes) 담자균문(Basidiomycota)

형태적 특징 | 흰오징어버섯의 자실체는 초기 지중생 또는 지상생이며 백색의 구형·유구형·난형(지름 1~1.6㎝)이고, 유백색 또는 분홍색을 띤 담황토색의 막질의 외피막(exoperidium)으로 싸여 있고, 기부에 백색 균사속이 있으며, 매트상의 두꺼운 균사괴를 형성한다. 성장하면 윗부분이 갈라지고 대가 나타나며, 상부에 자실탁은 직립상이다. 자실탁은 6~16개의 자실탁지로 되어 있으며, 계속 성장하면 방사상으로 수평으로 펼쳐진다. 대의 길이는 2.5~5.8㎝로 백색 원통형이고 1~2층의 포말상 소실로 되어 있는 위유조직이며, 속은 비어 있다. 자실탁지는 6~16개로 백색이고 끝은 가늘고 뾰족하고, 내부는 관상형의 소실이 단층으로 되어 있으며 횡으로 주름이 접혀 있고, 속은 비어 있다. 기본체는 자실탁지 기부 부위의 안쪽에 점액상이고 암록갈색으로 포자 덩어리를 형성하며 고약한 냄새가 난다. 포자는 원통상 타원형이고 얇으며 무색이고 비아밀로이드이다.

발생 시기 및 장소 | 초여름에서 가을에 정원이나 목장 부식질이 풍부한 곳 또는 목재 파편상에 무리 지어, 또는 균륜을 이루며 발생하는 부후균이다.

알에 싸인 포자와 자실탁.

생활 주변에서

흔히 볼 수 있는

버섯 100가지

part 4

불분명버섯

가랑잎애기버섯

Collybia peronata (Bolton) P. Kumm.

애기버섯속   송이과   주름버섯목   주름버섯강   담자균문

대 표면의 털(왼쪽)과 갓 가장자리의 방사상 선(오른쪽 위).

분류 | 애기버섯속(Collybia) 송이과(Tricholomataceae) 주름버섯목(Agaricales) 주름버섯강(Agaricomycetes) 담자균문(Basidiomycota)

형태적 특징 | 가랑잎애기버섯 갓의 지름은 1.2~4㎝ 정도이며, 처음에는 반구형이나 성장하면서 편평형이 되고, 나중에는 가운데가 들어간다. 갓 표면은 습할 때 가장자리로 방사상의 선이 보이고, 황갈색 또는 암갈색이다. 조직은 얇고 질기며 매운맛이

주름살은 성글다.

난다. 주름살은 끝붙은주름살형 또는 완전붙은주름살형이며 성글고 연한 황색 또는 연한 갈색이다. 대는 2~6㎝ 정도이며, 원통형으로 위아래 굵기가 비슷하고, 표면은 연한 황갈색을 띠며, 아래쪽에는 연한 황색의 털이 빽빽하게 나 있다. 포자문은 백색이며, 포자 모양은 긴 타원형이다.

발생 시기 및 장소 | 여름부터 가을에 걸쳐 낙엽이 많이 부식된 땅 위에 무리 지어 발생하며 낙엽분해성 버섯이다.

무리 지어 발생한 모습.

갓 표면의 방사선의 선.

가시갓버섯

Lepiota acutesquamosa (Weinm.) Kummer

갓버섯속　주름버섯과　주름버섯목　주름버섯강　담자균문

어린 자실체. 대에 떨어진주름살이고 약간 빽빽한 주름살이다.

분류 | 갓버섯속(Lepiota) 주름버섯과(Agaricaceae) 주름버섯목(Agaricales) 주름버섯강(Agaricomycetes) 담자균문(Basidiomycota)

형태적 특징 | 갓은 크기가 65~100㎜이고, 모양은 성장 초기에는 원추형 또는 난형, 성장하면 중앙볼록편평형으로 된다. 표면은 건성이고, 황갈색 또는 적갈색이며, 암갈색의 직립의 소돌기가 산재해 있으나 쉽게 탈락된다. 조직

황갈색 표면에 암갈색 직립의 소돌기가 산재한 갓 표면.

은 백색이고 얇으나 중앙 부위는 약간 두꺼우며, 담갈색이고 상처를 입어도 변색하지 않는다. 향기는 불분명하거나 일반적인 버섯 냄새가 나며, 맛은 부드럽다. 주름살은 대에 떨어진주름살이고 약간 빽빽하며, 폭은 다소 넓고, 백색이다. 주름살날은 평활하다. 대는 크기가 55~110×3~6㎜로 원통형이고, 상하 굵기가 비슷하며, 상부 쪽이 다소 가늘다. 표면은 건성이고, 초기에는 전 표면에 섬유상 양모로 밀포되어 있으며, 상부는 백색의 양모, 섬유상 면모로 피복되어 있고, 하부 쪽은 점차 황토황색 또는 등황갈색을 띠며, 성숙 후에는 대부분 소실된다. 속은 초기에는 차 있으나 성장하면 비어 있다. 대의 상부에 황토색의 내피막 잔유물이 부착되어 분명한 턱받이 흔적이 나타난다. 포자는 크기가 15.6~21.8×4.1~5.3㎛로 모양은 방추형이고,

암갈색의 소돌기가 보이는 갓.

무색이며, 포자문은 맑은 황백색이다. 담자기는 크기가 $23.5 \sim 31.2 \times 8.9 \sim 11.3\,\mu m$이고 곤봉형이며 4-포자형이고 종종 기부에 협구가 있다. 날시스티디아는 크기가 $20.4 \sim 33.6 \times 10.4 \sim 18.4\,\mu m$이고 모양은 곤봉형, 편복형 또는 서양배형이며, 세포벽은 얇고 평활하며 무색이고, 산재하여 있다. 측시스티디아는 없다. 갓 표피세포는 크기가 $165 \sim 5330 \times 6.4 \sim 10.7\,\mu m$로서 원통형, 곤봉형 또는 방추형의 말단균사로 구성되어 있고, 종종 가로막이 있으며, 조직 내쪽 균사는 병층균사(periclinal hyphae)로 구성되어 있고, 맑은 갈색 색소가 있으며, 종종 협구가 있다.

발생 시기 및 장소 | 가을에 광엽수림과 침엽수림 내의 습한 부식토에서 흩어져서 또는 무리 지어 발생한다.

원추형의 성장 초기 자실체.

갈색균핵술잔버섯
Dumontinia tuberosa (Bull.) L. M. Kohn

균핵술잔버섯속   균핵버섯과   고무버섯목   두건버섯강   자낭균문

술잔 모양의 자실체.

분류 | 균핵술잔버섯속(Dumontinia) 균핵버섯과(Sclerotiniaceae) 고무버섯목(Helotiales) 두건버섯강(Leotiomycetes) 자낭균문(Ascomycota)

갈색의 자실체.

형태적 특징 | 균핵은 땅속에 생기고, 모양은 원형 또는 불규칙한 괴상이며, 표면은 검은색을 띠고 내부는 백색을 띤다. 균핵의 지름은 10~40㎜, 외피층은 2~4개 층의 세포로 되어 있고, 암갈색을 띠며, 외벽은 두껍고 멜라닌을 침착한다. 이 균핵에서 발생하는 대는 지름 2㎜ 내외, 길이는 20~100㎜에 달하고, 대 기부의 균핵 부근에 털이 있고, 토양입자를 부착한다. 자낭반의 지름은 10~30㎜이고 모양은 주발형,

주발형, 깔대기형의 자실체.

깔때기형이며, 호박색 또는 어두운 계수나무색을 띤다. 자낭은 120~180×7~12㎛이고 원통형이며, 정공은 멜저용액 반응에서 양성을 띤다. 자낭 내에 8개의 자낭포자를 형성하며, 포자의 크기는 11~16×5~8㎛이고 모양은 타원형이고 무색을 띤다. 측사는 사상형으로 폭은 1.5~2㎛이며 선단은 조금 부풀고, 격막이 있다.

바람꽃류 군락지에서 무리 지어 발생한다.

발생 시기 및 장소 | 3월에 바람꽃류(Genus Anemone) 식물이 개화할 무렵, 이들의 군락지에 무리 지어 발생하는 버섯이다. 최근에는 생태공원에 조성된 바람꽃 군락지에서 흔하게 볼 수 있는 버섯이다.

갈색꽃구름버섯
Stereum ostrea (Blume & T. Nees) Fr.

꽃구름버섯속　꽃구름버섯과　무당버섯목　주름버섯강　담자균문

갈색, 연한 황갈색 바탕의 부채형 자실체.

분류 | 꽃구름버섯속(Stereum) 꽃구름버섯과(Stereaceae) 무당버섯목(Russulales) 주름버섯강(Agaricomycetes) 담자균문(Basidiomycota)

형태적 특징 | 갈색꽃구름버섯의 갓은 지름이 1~7㎝, 두께가 0.1~0.2㎝ 정도이며, 매우 얇은 부채형이다. 반배착생으로 기주에 넓게 부착하여 선반형이 된다. 표면은 부드럽고, 회백색 또는 적갈색, 검은 갈색 등의 털이 동심원상으로 늘어선 고리 무늬가

고리 무늬가 있는 갓 표면.

있는데, 털이 있는 부분과 털이 없는 부분이 번갈아 있다. 노숙하면 털은 탈락한다. 조직은 단단하고, 질기다. 아랫면의 자실층은 갈색 또는 연한 황갈색이며, 액체를 분비하는 백색의 균사가 있다. 포자문은 백색이고, 포자 모양은 긴 타원형이다.

발생 시기 및 장소 | 1년 내내 활엽수의 고목, 부러진 가지, 그루터기 위에 무리 지어 발생하며, 부생생활을 한다.

고목이나 부러진 가지에 발생한다.

무리 지어 발생한 모습.

검은팥버섯

Hypoxylon truncatum (Schw. : Fr.) Miller

팥버섯속　콩꼬투리버섯과　콩꼬투리버섯목　동충하초강　자낭균문

구형 또는 반구형의 검은색 자실체.

분류 | 팥버섯속(Hypoxylon)　콩꼬투리버섯과(Xylariaceae)　콩꼬투리버섯목(Xylariales)　동충하초강(Sordariomycetes)　자낭균문(Ascomycota)

성숙한 자실체는 오디와 유사한 자좌가 있다.

형태적 특징 | 검은팥버섯은 지름이 0.5~1㎝ 정도이고, 구형 또는 반구형이다. 표면은 오디처럼 생겼으며 검은색을 띠고, 기주에서 쉽게 분리되지 않는다. 자낭포자는 불규칙한 타원형이며, 흑갈색이다.

발생 시기 및 장소 | 활엽수의 가지나 고목에서 목재를 썩히며 무리 지어 난다.

고목에 발생한 모습.

고깔먹물버섯
Coprinus disseminatus (Fr.) S. F. Gray

먹물버섯속 주름버섯과 주름버섯목 주름버섯강 담자균문

무리 지어 발생한 모습. 포자 형성 시 주름살이 검게 변한다(왼쪽 위).

분류 | 먹물버섯속(Coprinus) 주름버섯과(Agaricaceae) 주름버섯목(Agaricales) 주름버섯강(Agaricomycetes) 담자균문(Basidiomycota)

형태적 특징 | 고깔먹물버섯의 갓은 지름이 1~2㎝ 정도이며, 처음에는 난형이나 성장하면서 종형을 거쳐 편평형이 된다. 갓 표면은 백색이고, 가운데는 연한 홍색 또는 회백색이고,

어린 자실체.

백색의 인편이 있으며, 가장자리에는 홈선이 있으며, 갓 표면은 완전히 성숙한 후에는 자흑색으로 변하면서 액화하여 없어진다. 조직은 얇고 회백색이다. 주름살은 끝붙은주름살형이며, 성글고, 처음에는 백색이나 성장하면서 자갈색을 띤다. 대의 길이는 1~4㎝ 정도이며, 위아래 굵기가 비슷하며 백색이고, 초기에 백색의 미세한 털로 덮여 있으나 점차 소실된다. 대의 속은 비어 있다. 포자문은 흑갈색이며, 포자 모양은 타원형이다.

종형의 갓 모습.

발생 시기 및 장소 | 봄부터 가을에 걸쳐 썩은 활엽수의 그루터기, 고목에 뭉쳐서 무리 지어 발생한다.

귀버섯

Crepidotus mollis (Schaeff.) Staude

귀버섯속　땀버섯과　주름버섯목　주름버섯강　담자균문

포자가 형성되면 주름살은 황갈색으로 변한다.

분류 | 귀버섯속(Crepidotus) 땀버섯과(Inocybaceae) 주름버섯목(Agaricales) 주름버섯강(Agaricomycetes) 담자균문(Basidiomycota)

형태적 특징 | 귀버섯의 자실체는 1~5㎝ 정도로 부채형이다. 갓 표면은 초기에 백색이나 성장하면서 연한 황갈색 또는 갈색이 되고 편평하고 매끄러우며, 습하면 점성을 가진다. 주름살은 내린주름살형이고 빽빽하며, 백색에서

주름살이 백색인 자실체.

갈색으로 변한다. 조직은 백색이며 얇아서 쉽게 부서진다. 대는 거의 없고 갓이 직접 기주에 부착되어 있다. 포자문은 황갈색이며, 포자 모양은 타원형이다.

발생 시기 및 장소 | 여름부터 가을 사이에 활엽수림의 고사목에 무리 지어 발생하며 나무를 분해하는 부후성 버섯이다.

무리 지어 발생한 모습.

균핵꼬리버섯
Scleromitrula shiraiana (Henn.) S. Imai

먹물버섯속   주름버섯과   주름버섯목   주름버섯강   담자균문

원통형, 방추형, 장란형의 두부.

분류 | 균핵꼬리버섯속(Scleromitrula) 자루접시버섯과(Rutstroemiaceae) 고무버섯목(Helotiales) 두건버섯강(Leotiomycetes) 자낭균문(Ascomycota)

형태적 특징 | 균핵은 지상에 떨어진 오디에 부착하여 생긴다. 밑부분은 오목한 모양이고 윗면은 둥글며 흑갈색을 나타내고, 단단하며, 내부에는 균핵꼬리버섯의 균사체가 있다. 1개의 균핵에서 1개 또는 여러 개의 자낭과가 생기고, 두부와 이것을 받드는 대로 이루어져 있다. 두부는 원통형, 방추형,

얇고 가는 대.

장란형이고 선단은 종종 뾰족하며, 표면에는 종으로 갈라진 선이 있고 상단부로 가면서 합치하고, 두부 전 표면에 자실층이 형성되어 있다. 대는 60㎜×1㎜ 내외로 담갈색, 갈색을 띠며 기부 쪽이 다소 가늘고, 균사모가 있다. 자낭은 원통형 또는 곤봉형으로 아래쪽으로 좁아지는 형이며, 정공은 멜저용액반응에 음성을 띠며, 8개의 자낭포자를 만든다. 자낭포자는 6~10

대는 갈색, 담갈색을 띤다.

원통형, 곤봉형의 자낭.

오디에 자생하는 모습.

×3~4㎛이고 난형 또는 편두(扁豆)형이며 무색이다. 측사는 실 모양이며 상부가 조금 부풀고, 위쪽에서 갈라진다.

발생 시기 및 장소 | 3~5월에 1개의 균핵에서 하나 또는 여러 개의 개체가 생기고 산뽕나무, 뽕나무 주변 숲 속에서 발생된다. 산뽕나무, 뽕나무 오디에 감염되는 병원균성 버섯으로 오디를 미라로 만든 후에 오디에 자생한다. 처음에 감염된 오디는 과육이 부풀면서 회백색으로 변색되어 팝콘처럼 변한다. 팝콘 형태의 오디는 지상부로 떨어진 후 월동기간 동안 딱딱하고 검은색 균핵으로 변하였다가 월동한 균핵으로부터 방망이 모양의 자낭반이 형성된다.

긴송곳버섯
Mycoacia copelandii (Pat.) Aoshima & H. Furuk.

송곳버섯속 아교버섯과 구멍장이버섯목 주름버섯강 담자균문

백색 또는 담황색의 침형 자실체.

분류 | 송곳버섯속(Mycoacia) 아교버섯과(Meruliaceae) 구멍장이버섯목(Polyporales) 주름버섯강(Agaricomycetes) 담자균문(Basidiomycota)

전배착형 자실체.

침상 돌기의 자실층.

형태적 특징 | 자실체가 전배착형으로, 초기에는 기주의 표면에 페인트칠한 것처럼 타원형인 백색의 반점이 형성되어 점차 기주의 표면을 따라 퍼져나간다. 그 전면에 무수한 침상 돌기가 밀생하고, 백색 또는 담황색이지만 후에 담자색을 띠게 된다. 침상 돌기의 길이는 7~11㎜이며, 조직의 두께가 1㎜ 정도로 백색이며, 막질로 질기다. 포자문은 백색이고 포자 크기는 5~6㎛로 구형이며, 표면이 평활하고, 비아밀로이드이다.

발생 시기 및 장소 | 활엽수의 고목, 특히 표고재배용 참나무 골목에 발생하는 백색부후균이다.

고목에 자라는 백색부후균.

낭상체버섯
Macrocystidia cucumis (Pers.) Joss.

큰낭상체버섯속　낙엽버섯과　주름버섯목　주름버섯강　담자균문

편평한 갓의 모습.

분류 | 큰낭상체버섯속(Macrocystidia) 낙엽버섯과(Marasmiaceae) 주름버섯목(Agaricales) 주름버섯강(Agaricomycetes) 담자균문(Basidiomycota)

대와 주름살.

형태적 특징 | 갓은 크기가 8~45㎜로, 초기에 원추상 종형이고 상당 기간 동안 반반구형으로 유지하나 점차 편평하게 펴지며, 중앙 부위에 분명한 돌기가 있거나 중앙볼록형이다. 표면은 초기에는 미세한 벨벳상 모가 있으나 쉽게 탈락하여 평활하며, 약간 건변색 현상이 나타난다. 습하고 신선할 때에는 등갈색, 적갈색 또는 암갈색을 띠며, 반투명선이 나타나고, 건조하면 맑은 황토색을 띤다. 조직은 육질형이며 얇고, 갓 표면과 같은 등갈색 또는 암갈색을 띤다. 특히 생선 비린내(또는 오이 냄새)가 난다. 주름살은 끝붙은주름살(또는 V자형)이고, 빽빽하며, 초기에는 백색이나 성장하면 황토색·황토적색을 띠고, 짧은주름살은 3-가지형 또는 4-가지형이며, 주름살날은 비 평활하다. 대는 크기가 35~80×2~4㎜로 원통형이고, 상하 굵기가 비슷하며, 종종 기부 쪽이 가늘고, 드물게는 종으로 편압되어 있다. 표면은 기부 쪽에서부터 암적갈색 또는 흑갈색을 띠

고, 상부 쪽은 옅은 색을 띠며, 미세한 벨벳상 모가 있고, 비교적 단단하며, 연골질이고, 성장하면 속은 비어 있다. 포자는 크기가 7~8.5×3.3~4.5㎛로 타원형이며, 표면은 평활하며, 맑은 적백색이고, 비아밀로이드이다. 포자문은 녹황토색 또는 등갈색이다. 담자기는 크기가 20.5~28.8×5.5~8㎛로 정상적인 곤봉형이고, 4-포자형이며, 기부에 협구가 있다. 날시스티디아는 55.4~90.7×13.4~20.6㎛로 피침형 또는 정단 부위가 길게 신장되어 있고 끝이 뾰족한 방추형이고, 세포벽은 얇으며, 무색이다. 측시스티디아는 날시스티디아와 모양과 크기가 거의 동일하다. 자실층 조직은 평행형이다. 갓의 표피상층은 폭이 2~5.5㎛인 수지의 말단균사로 구성되어 있으며, 사이사이에 크기가 65~101.5×22.7~26㎛로 모양은 측시스티디아와 유사하나 보다 길며, 피침형 시스티디아가 산재해 있다. 대시스티디아는 자실층 시스티디아와 크기와 모양이 유사하나 87.5~105×24.5~38㎛로 다소 폭이 넓고, 대부분 모여 나거나 무리 지어 나타난다. 균사에 협구가 있다.

발생 시기 및 장소 | 여름에서 가을에 걸쳐 활엽수림, 침엽수림 또는 혼합림 내의 임도 나지에 나무 조각, 잘 썩은 수목 부스러기 또는 나무껍질 잔유물이 많은 곳에 무리 지어 발생한다. 국내 분포역이 넓다.

노란각시버섯
Leucocoprinus birnbaumii (Corda) Singer

각시버섯속 주름버섯과 주름버섯목 주름버섯강 담자균문

유황색의 면모상 인피가 밀포된 갓(왼쪽)과 주름살 모습(오른쪽 아래).

분류 | 각시버섯속(Leucoprinus) 주름버섯과(Agaricaceae) 주름버섯목 (Agaricales) 주름버섯강(Agaricomycetes) 담자균문(Basidiomycota)

형태적 특징 | 노란각시버섯의 갓은 지름이 2~5㎝ 정도로 난형에서 종형을 거쳐 편평하게 되며 가운데는 볼록하다. 갓 표면은 솜털 같은 인편으로 덮여 있고 노란색이다. 가장자리에는 방사상의 홈선이 있고, 부채살 모양이다. 조직은 노란색이다. 주름살은 끝붙은주름살형이며, 연한 노란색으로 빽빽하다. 대의 길이는 5~8㎝ 정도이며, 아래쪽은 곤봉 모양으로 부풀어 있고, 속은 살이 없어서 비어 있다. 표면은 노란색 가루 모양의 인편으로 덮여 있다. 턱받이는 막질이고 쉽게 탈락한다. 포자문은 백색이며, 포자 모양은 난형이다.

원추형의 어린 갓.

발생 시기 및 장소 | 여름부터 가을 사이에 정원, 온실, 화분 등에 홀로 또는 무리 지어 발생하며, 부생생활을 한다.

화분에 발생한 모습.

어린 자실체는 면봉형이다.

노랑무당버섯

Russula flavida Frost

무당버섯속 무당버섯과 무당버섯목 주름버섯강 담자균문

노란 반구형의 자실체와 성장하며 편평해지는 갓.

분류 | 무당버섯속(Russula) 무당버섯과(Russulaceae) 무당버섯목(Russulales) 주름버섯강(Agaricomycetes) 담자균문(Basidiomycota)

형태적 특징 | 노랑무당버섯의 갓은 지름이 3~9㎝ 정도로 어릴 때는 반구형이나 성장하면서 편평해지며, 포자를 퍼뜨릴 시기가 되면 갓의 끝 부위는 위로 올라간다. 갓 표면은 매끄럽고, 선황색이며 건성이고, 융단 모양이다. 주름살은 떨어진주

어린 자실체.

름살형 또는 끝붙은주름살형이고, 약간 빽빽하며, 백색이다. 대의 길이는 3~8㎝ 정도이며, 위아래 굵기가 비슷하며, 표면은 분질상이고, 갓과 같은 색이거나 다소 연한 색을 띤다. 대의 속은 점차 비어 간다. 포자문은 백색이며, 포자 모양은 구형이다.

발생 시기 및 장소 | 여름부터 가을까지 혼합림 내의 땅 위에 홀로 발생하는 외생균근성 버섯이다.

매끄러운 갓 표면.

주름살은 흰색을 띤다.

노린재포식동충하초

Ophiocordyceps nutans (Pat.) G. H. Sung, J. M. Sung, Hywel-Jones &

포식동충하초속 잠자리동충하초과 동충하초목 동충하초강 자낭균문

자실층인 머리 부분은 어릴 때 붉은색을 띤다.

분류 | 포식동충하초속(Ophiocordyceps) 잠자리동충하초과(Ophiocordycipitaceae) 동충하초목(Hypocreales) 동충하초강(Sordariomycetes) 자낭균문(Ascomycota)

형태적 특징 | 노린재포식동충하초의 자실체는 노린재 성충의 머리, 흉부에 일반적으로 발생하며, 대부분 1개가 발생하나 드물게는 2개 이상 발생한다. 자실체는 두부와 대로 나누어지며, 자실층인 두부의 길이는 3~6㎝ 정도로 긴 타원형이며, 등황색을 띤다. 대는 3~10㎝ 정도이고, 가늘고 길며, 불규칙하게 굽어 있다. 위쪽은 등황색을 띠나 기부 쪽은 검은색이고, 약간 광택이 난다. 조직은 단단하고 질기며, 가죽질이다. 포자 모양은 원주형이다.

대는 검은색이고 광택이 난다.

발생 시기 및 장소 | 여름에서 가을 사이에 발생하며 죽은 노린재의 머리 또는 흉부에 기생생활한다.

덧부치버섯
Asterophora lycoperdoides (Bull.) Ditmar

덧부치버섯속 만가닥버섯과 주름버섯목 주름버섯강 담자균문

갓의 상부는 분질상이다(왼쪽). 덧부치버섯에 감염된 절구버섯(오른쪽 아래).

분류 | 덧부치버섯속(Asterophora) 만가닥버섯과(Lyophyllaceae) 주름버섯목 (Agaricales) 주름버섯강(Agaricomycetes) 담자균문(Basidiomycota)

형태적 특징 | 덧부치버섯의 갓은 지름이 1~3㎝ 정도이며, 처음에는 반구형이며 갓 끝이 안쪽으로 말려 있으나 성장하면서 끝이 펴진다. 갓의 표면은 처음에 백색의 후막포자가 분질물의 형태를 이루고 있으나 후막포자가 성숙하면 갈색으로 변한다. 주름살은 완

자실체 초기에는 백색이다.

전붙은주름살형이며, 성글고, 두꺼우며, 백색에서 황백색으로 된다. 대는 1~5㎝ 정도이며 원통형이고, 위아래 굵기가 비슷하며 굽어 있다. 초기에는 속이 차 있으나 성장하면서 속이 비며, 표면은 백색이다. 포자문은 백색이며, 포자 모양은 오이씨 모양이다.

발생 시기 및 장소 | 여름부터 가을에 걸쳐 굴털이, 애기무당버섯, 절구버섯 등의 자실체 위에 기생한다.

덧부치버섯에 감염된 절구버섯.

흑갈색으로 변한 감염된 자실체.

도장버섯

Daedaleopsis confragosa (Bolton) J. Schröt., in Cohn

도장버섯속 구멍장이버섯과 구멍장이버섯목 주름버섯강 담자균문

가죽처럼 질긴 조직과 주름상 자실층 모습.

분류 | 도장버섯속(Daedaleopsis) 구멍장이버섯과(Polyporaceae) 구멍장이버섯목(Polyporales) 주름버섯강(Agaricomycetes) 담자균문(Basidiomycota)

대가 없이 기주에 부착한다.

형태적 특징 | 도장버섯 갓의 지름은 2~8㎝이며, 두께는 0.5~0.8㎝ 정도이고, 반원형 또는 편평한 조개껍데기 모양이다. 갓 표면은 흑갈색이나 다갈색 또는 자갈색 등의 좁은 고리 무늬와 방사상의 미세한 주름이 있다. 조직은 회백색 또는 백황색이며, 가죽처럼 질기다. 갓 밑면의 자실층은 방사상으로 배열된 주름상이며, 주름살날은 불규칙한 톱니 모

불규칙한 톱니 모양의 주름살.

회백색에서 회갈색으로 변하는 주름살.

양이고, 처음에는 회백색이나 점차 회갈색으로 된다. 대는 없고, 갓의 한 끝이 기주에 부착되어 있다. 포자문은 백색이고, 포자 모양은 원통형이다.

발생 시기 및 장소 | 1년 내내 고목이나 죽은 나무에 무리 지어 발생하며, 부생생활로 목재를 썩힌다. 여러 개가 기왓장 모양으로 겹쳐서 발생한다.

갓이 흑갈색을 띤 미세한 주름이 있는 자실체.

참고문헌

1. 가강현, 박원철, 박현, 여운홍, 윤갑희, 『홍릉수목원의 버섯』, 임업연구원, 2003.
2. 가강현, 박원철, 박현, 『홍릉수목원의 보물찾기 버섯 99선』, 국립산림과학원, 2009.
3. 강진경, 박인서, 문영명, 박찬일, 송시영, 이기명, 원욱희, 최윤정, Amanita virosa에 의한 독버섯 중독증 1예, 《대한소화기학회지》, 1996;28(4)
4. 고철순, 석순자, 장현유, 우리 산야의 자연버섯, 푸른행복, 2011.
5. 고평열, 김찬수, 변광옥, 석순자, 신용만, 『제주지역의 야생버섯』, 국립산림과학원, 2009.
6. 김삼순, 김양섭, 『한국산 버섯 도감』, 유풍출판사, 1990.
7. 김양섭, 김완규, 서장선, 석순자, 손창환, 이윤선, 임경수, 정미혜, 『독버섯 도감』, 푸른행복, 2011.
8. 김양섭, 석순자, 성재모, 유관희, 차주영, 『강원의 버섯』, 강원대학교출판부, 2002.
9. 노현주, 김재한, 강혜련, 이명권, 현상훈, 강영모, 이종명, 김능수, 「Amanita subjunquillea 버섯 중독의 임상상」, 《대한내과학회지》, 2000;58(4)
10. 농촌진흥청 농업과학기술원, 『한국의 버섯-식용버섯과 독버섯』, 동방미디어, 2004.
11. 박완희, 이호득, 『원색 한국약용버섯도감』, (주)교학사, 2003.
12. 박완희, 이호득, 『원색도감·한국의 자연 시리즈 ① 한국의 버섯』, (주)교학사, 2005.
13. 서주현, 김성진, 정영국, 최웅길, 권영세, 노형근, 「심한 간독성을 보인 amatoxin 중독 증례」, 《대한임상 독성학회지》, 2006;4(1)
14. 석순자, 김양섭, 김완규 등, 『한국의 버섯-식용버섯과 독버섯』, 동방미디어, 2008.
15. 석순자, 김양섭, 조원대, 『알기 쉬운 독초·독버섯』, 이문출판사, 2007.
16. 안병인, 이동수, 이강문, 깅상범, 양진모, 박영민 등, 「한국의 Amatoxins 중독증」, 《대한간학회지》, 2000;6(3)
17. 양양군농업기술센터, 『송이생태시험지운영결과』, 농업기술센터, 2002년~2010년.
18. 엄기철, 김양섭, 석순자 등, 『한국의 식용버섯과 독버섯(CD-ROM)』, 동방미디어, 2004.

19. 이광훈, 이종원, 민병철, 최승옥, 장우익, 권상옥, 박찬일, 김양섭, 「1987년 영서 지방에 발생한 광대버섯과(Amanita) 독버섯 중독 16예의 임상적 고찰」, 《대한내과학회지》, 1990;38(1)

20. 정현철, 김보석, 송상헌, 김용범, 신호진, 이동원, 이우철, 이수봉, 곽임수, 나하연, 「독우산광대버섯 중독에 의한 급성 신부전 2예」, 《대한내과학회지》, 1999;57(6)

21. 조덕현, 『원색 한국의 버섯』, 아카데미서적, 2003.

22. Breitenbach, J. and Kranzlin, F., Fungi of Switzerland, Vol. Ascomycetes, Mycological Society of Lucerne, Switzerland, 1984.

23. Bresinsky A. and Besl H. A Colour Atlas of Poisonous Fungi, Wolfe Publishing Ltd, 1990.

24. Imazeki, R. and Hongo, T. Colored Illustrations of Mushrooms of Japan Ⅰ, Hoikusha Publishing Co., Ltd., Osaka, 1987.

25. Imazeki, R. and Hongo, T. Colored Illustrations of Mushrooms of Japan Ⅱ, Hoikusha Publishing co., LTD, Osaka, 1989.

26. Imazeki, R., Otani, Y., and Hongo, T. Fungi of Japan. Yamakei Pubulishers, Tokyo, 1988.

27. Jae Gyun Lim, Jeong Ho Kim, Chang Youl Lee, Sang In Lee, Yang Sup Kim. Amanita virosa Induced Toxic Hepatitis: Report of Three Cases. Yonsei Medical Journal, 2000;41(3).

28. Judith Tintinalli, J. Stapczynski, O. John Ma, David Cline, Rita Cydulka, Garth Meckler. Tintinalli's Emergency Medicine: A Comprehensive Study Guide, 7th ed, McGraw-Hill Professional, 2010.

29. Kornerup, A. and Wanscher, J. H.. Methuen handbook of colour, 3rd., Fletcher and Son Ltd. Norwich, Great Britain, 1983.

30. Lewis S. Nelson, Neal A. Lewin, Mary Ann Howland, Robert S. Hoffman, Lewis R. Goldfrank, Neal E. Flomenbaum. Goldfrank's Toxicologic Emergencies, 9th ed. New York: Mc Graw Hill, 2010.

31. Paul S. Auerbach. Wilderness Medicine, 5th ed. Philadelphia: Mosby Elsevier, 2007.

32. Richard C. Dart, etc. Medical Toxicology, 3rd ed. Philadelphia: Lippincott Williams & Wilkins, 2004.